贝页
ENRICH YOUR LIFE

Average is the New Awesome

我的普通无可复制

中等人生解放宣言

[美] 萨曼莎·玛特 著 王巧俐 译

文汇出版社

图书在版编目(CIP)数据

我的普通无可复制：中等人生解放宣言 /（美）萨曼莎·玛特(Samantha Matt) 著；王巧俐译. — 上海：文汇出版社，2025.9. — ISBN 978-7-5496-4550-3

Ⅰ．B821-49

中国国家版本馆CIP数据核字第20252FD997号

Copyright © 2020 by Samantha Matt
This edition published by arrangement with Seal Press, an imprint of Perseus Books, LLC, a subsidiary of Hachette Book Group, Inc., New York, NY, USA. All rights reserved.

本书简体中文专有翻译出版权由Samantha Matt授予上海阅薇图书有限公司。未经许可，不得以任何手段或形式复制或抄袭本书内容。

上海市版权局著作权合同登记号：图字09-2025-0565

我的普通无可复制：中等人生解放宣言

作　　者 /	[美] 萨曼莎·玛特　著
译　　者 /	王巧俐
责任编辑 /	戴　铮
装帧设计 /	汤惟惟
出版发行 /	文汇出版社
	上海市威海路755号
	（邮政编码：200041）
经　　销 /	全国新华书店
印刷装订 /	上海中唱印刷有限公司
版　　次 /	2025年9月第1版
印　　次 /	2025年9月第1次印刷
开　　本 /	720毫米×1020毫米　1/32
字　　数 /	121千字
印　　张 /	8.25
书　　号 /	ISBN 978-7-5496-4550-3
定　　价 /	59.00元

献给奶奶和爆米花

目 录

碎碎念：救命啊，我怎么那么"普" / 1

Chapter 1
谁说普通等于失败

  关于马马虎虎的工作和紧巴巴的财务状况，我想说…… / 11

Chapter 2
给普通的社交生活点个赞

  关于"塑料"友谊和逢场作戏，我想说…… / 59

Chapter 3
除了你自己，没人在意你的身材

  关于健康而且快乐的普通生活，我想说…… / 121

Chapter 4

别把生活当作言情剧

  关于七分的爱情,我想说…… / 151

Chapter 5

出来混,谁没点儿光鲜人设

  关于网络上的完美人生,我想说…… / 205

Chapter 6

一无所有?那是错觉!

  关于普通人的高光时刻,我想说…… / 229

结 论 你的世界你说了算   / 243
致 谢   / 253

碎碎念：救命啊，我怎么那么"普"

小时候，我最大的成就是从没缺席过一次舞蹈课。

真的，没开玩笑。

在我卧室里那洁白的书桌上，奖杯、奖章、绶带高高地堆了一大摞，只是参加了某些课程、比赛和朗诵会，我就拿到了这些奖。

"你肯定舞跳得非常棒。"我的朋友们在看到这一堆杂七杂八的战果后都会这么说。她们走后，我妈总是叮嘱我不要再带朋友上楼，别让她们进我那乱糟糟的卧室。不过我才不听她的呢。那时候还没有社交媒体，没处展示我的光辉成果，但人们需要知道我的成就呀——我很成功！我获胜了！我都上了好几年舞蹈课了，而且没有半途而废！

显然，这些奖励给人留下了我颇有舞蹈天分的印象，但我们来看看真相如何吧。我上的是舞蹈工作室的中级班，而且总是站在最后一排。这并不是因为我个子高，我记得我当时也就将近一米六吧。之所以排在最后一排，是因为我跳得没有其他人好；但——我也跳得不糟，至少我还没被踢出去吧。我只是比较……普通。

普通，对，我就是个中不溜的水平。

体重在平均水平。我的医生总说我的体重指数（BMI）处于"超重"水平，离"肥胖"水平还差几块小零食。

成绩中等。我3.2的高中绩点还可以，但也没什么了不起的。

长相平平。八年级的时候，一个男性朋友对我说："有些时候，你看起来真的很漂亮，而有些时候，就不那么好看了。"

恋爱史平淡无奇。八年级的时候有一段为期两周的"恋爱"；独自去参加了毕业舞会；17岁时第一次接吻；19岁时有了第一个真正的男朋友。

社交生活毫无特别之处。也就是说，高中时，我绝对不是那种风云人物，不过我还是想法子参加了一些家庭派对、树林里的聚会和在停车场组织的饮酒狂欢活动。毫无特别之处，还意味着我吃午饭时坐的位置连坏女孩们也不喜欢，那种酷妹、高冷书呆子、运动达人以及热情奔放的乐队奇才之类的人，都不会坐我那桌。

我们只是一群普通人，过着普通的生活，吃着普通的午餐。只是有一年，我决心每天午餐时吃一个贝果，只吃一个，再喝一瓶自动售货机里的草莓百香果汽水，我觉得这样会更健康。我敢肯定，这对降低我的体重指数会有很大的帮助。

但我不想永远当个普通人，也不觉得我会永远普通下去。毕竟，在内心深处，我认为自己还是很特别的。我的祖父母总是夸我："你太特别了！你太棒了！"每次去他们家，我都会收获一箩筐的夸奖。就连在家里，我父亲也会每天对我说："你是世界上最漂亮的女孩！"然而，我妈妈却不凑这个热闹。她不想让我飘飘然。她不想让我到头来感到失望。正因为如此，我知道我必须这样做：走出去，向那些认为我很棒的人证明，我很棒；向那些不相信我优秀的人证明，他们错了。

于是，我开始了一段漫长的旅程，试图通过各种验证来寻找人生的目标。我拼命工作了好几年，直到有一天，我发现自己正身处成年世界的挣扎与痛苦之中：没有奖杯，一无所获，也不确定自己是否能到达我想去的地方、我以为我应该去的地方。

可我认为自己应该过什么样的生活呢？应该是让父母脸上有光、让同龄人艳羡的生活吧，是能在网上博得无数点赞和评论、达成了所有重要社会成就的生活吧。

"奔三"的某一天，我认真地审视了自己的生活。在我看来，我的人生似乎还是太普通了。多年的学习让我在一家好公司找到了一份好工作，但我赚的钱并没有想象的那么多，我也没有得到自己认为应该得到的认可。我和一个不错的男人认真地谈了一段时间不短的恋爱，但没有在预期的年龄结婚生子。我也有一些常碰面的朋友，但没有想象的那么多，这让我总是很担心"每个人都在生我的气"，或者"没有人再喜欢找了"。而且，我的体重指数告诉我，我仍然超重，只是离肥胖稍远一些，并没有达成我想象中那种养成更健康的生活习惯后应该达到的理想体重水平。

那么，我的生活到底出了什么问题？是我没有登上"福布斯30岁以下精英榜"？是我在这个曾经觉得该生儿育女的年龄还没准备好要孩子?还是那个愚蠢的体重指数对我评头论足,却没看到我其实健康有活力,同时对自己的外表也颇为满意?还是我太普通了?

我的生活什么毛病都没有。我起床,上班,付账单,交朋友,谈恋爱。在这些事情上我不是尖子生那又怎样?人们不夸赞我在生活中表现得有多好那又怎样?现在的我做得足够好,足够棒。

社会灌输给我们的观念是做个普通人等于很差劲。我们认为自己很特别,我们认为自己很重要。所以当才能没有得到明确的认可时,我们就会认为自己失败了。要么一鸣惊人,要么一败涂地,没有中间地带。

这个结果在很大程度上是自恋导致的,人们对自己的生活期望过高。据报道,在20世纪50年代,12%的大学生自视甚高;80年代,这一数字已上升到80%。[1]不仅

---

[1] Jean M. Twenge and W. Keith Campbell, *The Narcissism Epidemic: Living in the Age of Entitlement* by Jean M. Twenge and W. Keith Campbell (New York: Atria, 2009),转引自Tomas Chamorro-Premuzic, "The Upsides of Being Average," *Psychology Today*, June 2, 2017, https://www.psychologytoday.com/us/blog/mr-personality/201706/the-upsides-being-average。

是年轻人自己，就连他们的父母也这么想，觉得自己的孩子值得最好的，而且很难接受其表现不如同龄人。

有些人为了让自己脱颖而出，挖空心思藏匿自己那清汤寡水的生活。很多人因此郁郁寡欢。宾夕法尼亚大学的一项研究发现，社交媒体是导致这种现象出现的一个原因。研究人员称："当你把自己的生活和他人作比较，尤其在社交媒体上看到别人的生活时，很容易得出这样的结论——所有人的生活都比你的生活更精彩，更美好。"[①] 一旦陷入这样的认知，人们就很容易认定自己比一般人差，即便他们觉得自己其实应该是很特别的。

执着于完美让人认为普通就是一种耻辱，处于平均水平就是失败。毕竟，当人们认为自己很重要，而这个世界又不把他们当回事时，他们会感到无比沮丧。

问题就在于，人们忘记了生活也讲中庸之道。在失败和成功之间有一个平衡点，我称之为"中不溜地带"。在中不溜地带做个中等生，有那么不好吗？

---

① University of Pennsylvania. "Social Media Use Increases Depression and Loneliness, Study Finds." ScienceDaily. www.sciencedaily.com/releases/2018/11/1811 08164316.htm (accessed May 14, 2019).

做个中等生并不是说你就是个"废柴",不意味着你没有取得任何成功,也并不意味着你不能追求更大的成功。做个中等生恰恰意味着你和其他人一样,做得还不错。

如果生活是一场考试,老师根据标准分数打分,那么平均分才更完美。①因为大多数人的生活都很平淡,但至少不糟,不是吗?尤其是像我这样的人。我在成长过程中获得过参与奖、表扬的话语,后来还有表示认可的表情符号(感谢社交媒体)。可当不再有参与奖了,我就怀疑自己是不是失败了;听到的夸奖没那么多了,我就感到气馁;点赞和评论变少了,我就把帖子给删了。一旦获得的认同少了,曾经的我就会追求更多。

但现在,让这些东西都滚蛋吧。做个普通人多正常啊,做个普通人多棒啊。你好,我是萨曼莎,我会在这

---

① 编者注:标准分数,又称Z分数、量表分数、基分数,是指被转换为标准差单位的原始分数,代表原始分数和平均值之间的差距。相较于原始分数,标准分数更能体现被测试者的综合能力,常应用于雅思、GRE、心理测试等。标准分数处于平均水平表示被测试者各方面综测表现良好或鲜有极端激进或低落的表现,各方面的表现比较均衡,发展较为全面。

本书中向你解释我为什么会这样认为。

把这本书看成我们对其他普通人发出的宣言吧,为普通人正名的宣言。你无须再用赞美来证明自己的存在价值;你要知道,即便生活不如预期,也没关系。

这本书并不是要建议你放弃梦想,也不是要建议你时时刻刻都安于现状。但如果你开始为自己而活(为现在的自己,而不是几年前的自己),你会意识到现状其实不赖。毕竟,你可以整装出发,走向人生之旅的下一站并享受这段旅途。

大奖

Chapter 1

谁说普通等于失败

关于马马虎虎的工作和紧巴巴的财务状况,我想说……

小梦想颂歌

在曼哈顿市中心,我从一辆黄色出租车上下来。透过人群,我看到了我正寻找的那栋光彩夺目的建筑。这栋摩天大楼高耸入云,我得拼命仰着头才能把整栋大楼收入眼底,脖子都酸了(我的身体好像已经八十岁了似的,行吧)。

我闭上眼睛,攥紧拳头,心里暗暗说,就是它了。我有一种预感,我肯定会拿下这份工作。

那是一份电视台的工作,是我梦寐以求的工作。我顶着一副"我赢定了!"的面孔,昂首挺胸地朝着巨大的玻璃门走去。

可一走进大楼,我的信心就开始动摇了。来自四面八方的人从我面前走过,让我感觉这段走往前台的路就像《吃豆人》游戏——我是吃豆人,其他人都是鬼怪。

我开始怀疑这个地方是否适合我。我肯定不是从小地方来的女孩,但我是从小公司来的。我从没来过这么大的写字楼,这里的电梯按楼层管理,每段电梯都有各自的保安检查工牌。到目前为止,我的工作经历就是在中小企业的四段实习。办公室里的大多数人我都认识,至少眼熟,而他们也认识我,知道有我这么个人。但这个地方这么大,对我来说真的是最合适的吗?这个地方会把我活活吃掉吗?

最后,我挤进电梯,一路往上,来到了面试办公室。当我在布置考究的休息室里等候时,一名员工走过来,跟我聊了几句。寒暄几句后,我问他在公司工作了多久。

他回答:"哦,我从加入公司的研究生项目开始就在这里工作了。不知道你了不了解这个项目。我其实挺惊讶的，他们没有直接从这个项目里雇佣一个，而是居然面试外来应聘的人。你真幸运。"

我的心一沉。

我申请过这个项目——被拒了。我开始想，是不是我太平庸了，所以没有被看上。那么我凭什么拿到这份工作呢？我开始恐慌，不知道自己干吗要来这儿。

我这么个普普通通的人，是不是把目标设得太高了？

对于像我一样普通的人来说，这些梦想是不是太不现实了？

这就是人们称之为梦想的缘故吧——它们注定不会在现实中实现？

面试开始了。总监问了些问题。

我回答了问题。一切都很顺利，然后我就回家了。

毫无悬念，我没有被录用。面试的几个星期后，我做好准备面对公司人力资源部发来的邮件。就像那个寒冷的冬日早晨去办公室面试时一样，我闭上双眼，攥紧拳头，对自己说，它来了。然后，我点开邮件——那是一封，我都没有意识到自己一直在等待的拒绝信。

一开始，我很自责。要是我表现得再出色点儿是不是就好了？是不是该在简历上列出更多的实习经历？是不是应该愿意不计报酬地干活？

如果我没有那么普通，我会得到这份工作吗？

但接着我就意识到了——普通不是我的错。

我被拒绝不是因为我不出众。我被拒绝是因为其他人比我更出色。普通没有让我远离梦想，而是让我踏上了逐梦之旅——追求梦想，并最终实现梦想。这就是普通的奥义。

尽管我没有得到那份工作，我知道我仍然可以追梦。我也知道，就算那个梦想永远实现不了，也不等于我就是一个很糟糕的人。至少，我很骄傲去参加了那次面试。是的，我的确没有得到那个工作，但我已经足够好了，我知道，最终会有人给普普通通的我一个机会。

等等，这事儿还没完呢。

在为电视事业梦想努力了几年之后，我真的做到了：我就在电视台工作！但是——我一点儿也不开心。我已经实现了梦想，但感觉并不怎么样。工作并没有那么有意思，我对同事们也不太感冒，那么，哪里出问题了？

我开始思考，为什么我当初如此执着于实现这个梦想。是为了向人们证明我很出色吗?是为了向别人展示我精彩的生活方式吗?还是为了让我在同龄人面前显得"高人一等"?不管怎样,对我来说这个梦想没有起到这些作用,我必须接受这个事实。

很长一段时间里,我一直给自己施加压力,要求自己在特定的时间内实现梦想,这样就能脱颖而出,证明自己不是个普通人。我担心做个普通人会在找工作时吃亏,如果我不能马上证明自己,普通还会拖垮我的职业生涯。然而,我本该做的是,接纳自己的普通,并努力寻求幸福快乐。

•••••••••••••••••••• ★ ★ ★ ••••••••••••••••••••

幸运的是,跟其他普通人一样,我还有别的梦想。除了想在科德角有套海景房、不锻炼就有腹肌、时空穿越,我还梦想着成为一名作家。

我一向很喜欢写东西。我写得很好吗?我不确定。我不是天才,我只是一个来自普通小城的普通女孩,成绩一般,资质平平,用现代文翻译过一些莎士比亚的戏剧作品。像我这么普通的人，怎么会追求成为作家的梦想呢？

在电视台工作的梦想未能如愿。于是，我说了句，去你的吧，就转头开始追逐写作梦了。我知道自己这方面的资质可能一般，我知道还有很多东西要学，我还知道，成功——不管是什么样子的——不会一蹴而就，即便真的能实现。这毕竟是个梦想！并不是所有的梦想都会成为现实，所以那才被称为梦想啊。不过，正因为我能接受自己是个普通人，也就能更加努力地去追梦。最终，我真的成了一名作家。

普通人可以有梦想。我们可以有宏大的、渺小的、不大也不小的梦想。老天让我们追逐梦想，去失败，去成功。我们需要记住，我们的价值并不取决于是否实现了梦想，而是取决于追逐梦想时有多快乐。毕竟，没有那些微不足道的梦想，我们在生活中都不会有努力的方向。既然如此，比起实现梦想，你难道不会更钟情于追梦的过程吗？反正我会。没有我普普通通的梦想，我就一无所有了。

给普通人的15条职场小贴士

1. 我们普通人从不认为得到工作机会是理所当然的

数十人,有时候数百人、数千人同时申请一个职位,只有一个幸运儿可以拿到那张金色入场券。你的简历很棒,但和其他求职者一比就显得很一般了。对于普通求职者来说,这工作可能会很辛苦。每当你开始厌烦工作(就像我讨厌衣橱里的所有衣服一样),记住,是工作选择了你。真的,在那么多人中,普普通通的你,被选中了。它们完全可以选别人的,但它们没有(对我来说这太棒了,有了这份工作,我总能买得起新衣服,换掉那些被我嫌弃的旧衣服)。

2. 没有时刻得到夸奖是再正常不过的事了

小时候,我们许多人都会听到"你真棒"这样的夸奖,但其实我们没有做任何值得表扬的事情;我们也会因为仅仅参加活动就能获得奖杯。长大后,我们进入职场,没有人会因为我们完成了诸如及时回复电子邮件、达成目标,以及完成工作清单上列出的事项这样的任务,就为我们鼓掌。我们凭什么要因为这些事情受到赞扬呢?我们其实只是在做分内的事罢了。如果你为自己在工作中没有得到认可而感到沮丧,提醒自己,这是一件好事。因为如果你做得不够好,你就会听到——你做得一点儿都不好。所以在工作中看起来普普通通就很棒了。

3. 有时,不错比杰出更好

并不是所有人都能在自己的领域内成为佼佼者,这没什么大不了的。人有那么多,可金字塔尖就只有那么点儿空间。你可以成为一名优秀的律师、工程师、护士、售货员、营销人员,你可以从事任何工作,把工作干好,但并不一定要跻身佼佼者之列。当你在工作中没有得到任何赞扬,却发现最优秀的员工垄断了所有美誉时,你可能很难记住这一点。但是伴随着巨大荣誉而来的是巨大的期望。你是愿意有一个更高的标准来要求自己,如果事情只是干得"不错"就要被指责呢,还是希望一直就干得不错,哪天干得很出色了就被大加赞赏?就我个人而言,我觉得一直干得不错就很好。

4.不必出类拔萃,试试大胆相信直觉

我过去做事前总要先征求同意,我知道自己的水平仅仅是还可以,所以我作任何小决定都战战兢兢的。直到有一天,有人告诉我:"请求原谅比请求许可更容易。"从那以后,我开始相信自己的直觉,开始做自己认为正确的事情,而不是每过五秒钟就去烦我的老板。你猜怎么着?我犯了很多次错,但都不必说对不起……至少到现在我还没道过歉。更不用说,我犯错时学到的东西远远多过我不犯错的时候。

5.好态度让你的路走得更远

你不必对每个人都过于友好,不必时时微笑,但肯定也不能招人嫌。普通人要在工作中表现出色,保持这种不偏不倚的好态度很重要。普通人不是不可替代的,所以如果你的态度很差劲,猜猜你的下场会如何?

6.有时中庸才是最好的办法

归根结底,对打工人来说,工作只是工作,不是我们的生活——或者至少不应该是。工作只关乎我们每周

大约40个小时去哪里以及如何赚钱。因此，作为一名普通员工，你永远不应该因为工作中的事情而恼火。你要么提出解决方案，改善现状，要么置之不理，继续推进。抱怨永远不会让情况好转。

7. 与同事交往也是一种工作

你不必和同事成为挚友，说实话，你甚至不需要和同事交朋友。但是，要做一名态度足够好的普通员工，你就必须参与一些正常的工作交际。无论是白天一起喝咖啡，还是下班后去街角的酒吧喝饮料，在工作场所以外的地方与同事建立联系很重要。我知道，下班后还不能回家是有些讨厌，尤其是又要跟一群已经相处了一整天的人待在一起。但你不能总是借故不去。去吧，去社交，在工作场所以外的地方去跟同事相处吧，这对你也没有什么坏处。实际上，当你发现其他人也很普通时，工作可能会变得更轻松。

8. 带薪休假期间工作并不会让我们更出色

如果你的工作表现一般，多加班并不会改变什么。

你不会因为加班就成为公司的功臣，却会因此不慎错过本应享受的假期。你也不会因为该休假的时候去工作就变得出类拔萃。普通人需要休息，因为要保持身心健康，要跟家人相处，或者仅仅就是因为想要休息。除非你自己创业，没有人罩着你，否则，普普通通的你并没有那么重要。别再装了，去过你的生活吧。我保证你会更快乐的！

9.普通人互相成全——我们需要彼此

普通人帮助普通人。确实是这样的。一家公司就这么多职位。正因如此，你可能会看到一个普普通通的同事，就像你一样。你可能会想，我必须干得比他们好才能升职。但不应该这样。你们共事时可以相互学习，共同进步。当然，你们也许在某些时候处于不同的高度，但这没关系，这是必然的。难道你希望只能独自前行，而不是有人能伸手拉你一把吗？

10.没人指望我们众星捧月，所以老老实实地主动出击吧

我从来没有一次为自己在社交聚会上的表现感到骄

傲。我总是笨拙地站在角落里，手里拿着一杯葡萄酒，嘴里嚼着一块奶酪，不停地问我的朋友："我们该去找人说话吗？"好吧，是的，亲爱的自己，你应该去搭讪。这不就是社交活动的要义所在吗，一点儿都不奇怪。这类活动的目标人群就是普通人。那些精英过着精彩非凡的生活，没有时间参加这种活动，除非他们要在活动中发言或者活动会为他们提供出场费。但是，像我们这样的普通人呢？我们需要建立人际网络，结识志同道合的普通人。所以，别担心没有人愿意和你说话。这里的每个人都准备好接受尴尬了。好了，接受现实，试着和陌生人说话吧。你永远不知道会遇到谁，就像我之前说的，普通人与普通人之间互相成全，你可以充分利用这些资源。

11.普通并不意味着被遗忘

普通人容易犯的最糟糕的一个错误就是不跟老同事保持联系，因为他们觉得大家都忘记了自己。不管你多么普通，保持联系才是让人记得你的秘诀。

12. 被拒绝是一种有益的教训

被拒绝和你平平无奇的表现没啥关系，只是对你的目标而言，有人比你更合适。并不是说你不够好，你已经足够优秀了，这也是为什么你能参与竞争。没选中你，只是适配度的原因。在追寻目标的过程中屡屡遭遇拒绝，你知道，这没什么大不了的，因为你跟其他人一样。你是一个普通人，你的对手也是普通人。只要不放弃，你迟早会寻到心中所求。

13. 喜欢就去做，水平一般也无所谓

这一点必须视具体情况而定。比如，如果你不擅长外科手术，你就不该去当一名外科医生。不过对一般人来说，这类情况是不言自明的。如果你喜欢写作，你就应该一股脑地写下去，保持激情，这样你会写得越来越好。如果你想开公司，就要持续地创造产品，即便你的伟大创意毫无价值。永远不要害怕做不好，不要让这种恐惧阻碍你尝试新的职业或者学习新的技能。接受平庸的自己吧，不要期待什么事情都易如反掌或者十全十美。毕竟，不下狠功夫，就做不好事情。

14. 坦诚面对自己的价值

工作中，要求加薪不一定要表现得出类拔萃。你只需要把本职工作做得足够好，认识到虽然自己肚里有货，但学无止境。人人都有更多的东西需要学习。没有人是万事通，即使是那些看起来很专业的人，尤其是那些只是表面上很牛的人。如果你能承认自己的普通，保持谦逊，同时保持强烈的求知欲和持续努力的劲头，就算不是天才，你也一定能走得很远。

15. 没有什么比知足常乐更重要

虽然我们这些普通人没有荣登任何成就卓著的名人榜，也没有被评为模范员工，但我们仍然在自己的能力范围内做出了一些成绩。得到一份工作，本身就是一件了不起的事。无论是升职还是领导简单的一句"谢谢"，我们都能从容接受。庆祝这些小事并不意味着你必须放弃更大的目标。普通人应该永远保持雄心壮志。这是我们前进的动力。只是，别忘了为自己这一路取得的所有普通又了不起的成就喝彩。

不喜欢你的工作也没关系

有史以来最糟糕的一则陈词滥调就是:"做热爱的事,你就不会觉得是在工作。"说真的,这句废话充满了谎言和虚假的希望,如果你相信这句话,当有一天你发现工作在任何时候都只是工作时,你普通的小世界会垮掉的。

听我细细道来。

获得报酬就是很棒的体验。

工作就是拿钱为别人办事。无论你是为雇主、客户还是投资者工作,还是自己创业或者为某个企业打工,你都需要他人的回馈才能生存。毕竟,你不能自己给自己报酬,就连大明星也不能给自己发工资。

正因为如此,你将不得不面对其他人的意见。你可能不喜欢工作过程中发生的一切,也可能不喜欢工作的成果,但这就是工作。

基本上这适用于我能想到的任何一个工作场景,包括我自己的。先来看看我的心头所爱吧:我的家人、我的朋友、我的床、我的沙发、芭蕾健身课、薯条、比萨、电商平台、高价咖啡、羊驼。哦，还有写作。是的，我喜欢写作。

有人可能会认为，写作是我喜欢的事情，所以任何跟写作有关的工作我都会无条件喜欢。然而，当你能通过做某件事赚到钱，那么有95%的可能性那不是你真正想做的。比如，我可能喜欢写鸽子（其实我并不喜欢鸽子，只是做个假设，鸽子是最先出现在脑海里的东西，真是见鬼了），但如果有人给我钱让我写鸽子，我可能就得以我不喜欢的方式来写。

其他职业也是如此。如果你喜欢艺术，但又想因此获得报酬，就需要在自己的喜好之外考虑别人的喜好和需要了。如果你想当律师，你不需要爱你所有的客户或你处理的所有案子。如果你在创业，那么你也不必喜欢你承接的每一个项目。

关于爱上收钱办事这个话题，某些人群可能与我们这些普通人不一样，比如一些大明星，也许有人甚至愿意付钱让他们做他们想做的任何事。不过，我敢肯定，即使是大明星也会被雇主要求以不同的方式做事。只是，你知道，对他们的限制没有对我们的那么多。

大公司的首席执行官等高管也是如此。你可能会认为这些"上层"人士已经解决了所有问题，但也有人会说，责任越大，压力就越大。他们不仅要处理人们的不同意见，经常面临难以想象的巨大压力，还要维持公司的运营！就这方面来说，我更愿意做个普通人，因为你的一举一动对众人都不会有多大影响，你可以做更多自己喜欢的事情。

对工作怀有复杂的情感是很自然的。

我已经提出过你不必爱自己的工作，现在，我还要说，你也不是必须喜欢工作带来的所有其他东西。

工作所包含的内容远不止你当下做的事情，它还关系到你必须与之共事的人，以及随之而来的压力和焦虑，因为你想把事情做完，做好。

工作可能会让你感到愤怒、沮丧、疲惫、悲伤，或表现出任何其他不开心的情绪，这并不意味着你不喜欢正在做的事情，也不意味着你的生活过得不好。这仅仅意味着你是一个从事普通工作的普通人。

之前，我偶然间开发了一项副业：写网文。我爱上了它。但当我开始从中赚钱时，那种爱就变得时有时无了。如果我想持续拿到钱，就必须写一些迎合大众喜好的内容，但那些不是我想写的。即使我很累很忙，也必须每周抽出一定时间来写作。一开始这只是一项有趣的业余活动，但很快我就时不时感受到压力和疲惫。并不是说我不喜欢这件事情了。我依然喜欢，但蜜月期已经结束了，我并没有继续迷恋下去。对于我的工作，我有时热爱，大部分时间还算喜欢，小部分时间不喜欢。

我相信，这份副业的状态最接近于我对工作满意的状态。我找到了工作与乐趣之间的中不溜地带，真正享受这份工作。我不会吹嘘这份工作有多么好，因为有时我也会感到压力满满，但我并不完全讨厌它。我真的、确实很喜欢这个工作。那么，这就引出了我们的下一个话题。

不必热爱你的工作，喜欢就很好了。

实际上，在某些时候，喜欢可能会比热爱更好。

当你对某件事没有狂热的激情，而有人愿意付钱雇你做这件事时，即便你和他们意见相左，你也不会太在意。你不会把它当成一件大事，感到压力重重，也不太会有强烈的情绪，以至于走向另一个极端，对工作感到厌恶至极。如果你喜欢所做的事情，你就会处于一种恰到好处的状态，不会受到其他因素影响。

所以说，普通的工作棒极了！你享受自己正在做的事情，也听得进别人的意见和反馈。就算你停下手上的活儿，你的生活也不会就此完蛋，而你也无须抱怨说自己"需要工作"。你就是……挺好的。一切都……挺好的。你猜怎么着？有一份这样的工作，就很好了。不对，是太好了，太棒了。

结论：不讨厌就很好。

我对普通人的最后请求是，再也不要自欺欺人，再也别信"做热爱的事，你就不会觉得是在工作"这类忽悠人的大话。如果你一辈子都不想工作，那就去找一个有钱的对象来养你，或者其他能养活自己的方法，反正我是想不出来。但如果你下定决心要去工作了，就不要指望工作像玩儿一样。不管你有多喜欢你的工作，工作就是工作。没事的，你可以享受工作，但没人要你必须热爱工作，要是不喜欢，那也完全没关系。能喜欢自己的工作就已经很好了。

普通工薪阶层担心的26件事

必要的支出

1. 买房

首付款就是个问题。根据美国全国房地产经纪人协会（NAR）的数据，2024年美国二手房价中位数高达40.75万美元。想象一下，在纽约市和旧金山等价格较高的地区，当地的平均房价要比全国的高出多少。现实生活中拿着普通薪资的普通人怎么可能负担得起这样的价格？何况人们还有其他生活必要支出，他们怎么负担得起？

2. 就医

每次看完病，医院就会寄来一沓沓高得我根本付不起的账单，所以现在每次生病我都会跟自己说："这次的流感会自己好的。"

3. 婚庆消费

无论你是给自己办婚礼,是给你已经成年的孩子办,还是作为宾客参加别人的婚礼,开销都不是一笔小数目——必须砍掉。

4. 生育

你连自己都快养不起了,怎么会突然想着给别人的生活买单?就说我吧。我想要孩子吗?想啊。那么,我还想时不时地更新一下我的衣柜吗?也想啊。救命啊。

5. 家庭开支

填饱肚子,添置家具,购买衣服,健身医美……还有去迪士尼乐园,这个全世界最让人开心又十分烧钱的地方。还有请护理师。(我是开玩笑的……但或许有天真的会需要)。这些钱会从天上掉下来吗?

6. 教育

我觉得,一旦有了要孩子的打算,你就应该开始为孩子的教育存钱了。这么算的话,我应该从自己出生的第一秒起就开始为我的孩子存钱了。

7. 养宠物

花70块钱是买个猫窝,还是买菜,我不想二选一,我两个都想要。是的,这是个严肃的问题。

8. 照顾年迈的父母

这个话题很严肃,容不得半点玩笑。

9. 退休养老

我很难相信将来能凭那丁点儿退休金养活自己,所以,我们是要一直工作下去,还是有别的出路?

10. 身后事

好的墓地和规格高一些的葬礼都很昂贵。很抱歉,说这个有点儿不吉利,但活着的时候我要享受美好人生,死了也得安息。我相信,大家都有同感。

日常开支

11.各种随性支出

这包括所有你喜欢的,而且负担得起的消费。对我来说,芭蕾健身、轻食快餐、穿衣打扮、网上购物。当然,我现在可以为这些东西买单,但我会一直负担得起吗?这就是问题所在。

12.还债

我怀疑年龄越大,债也会越多。债务不断增长,人们如何偿还?这是最让人头疼的问题。

13.买一部含所有最新功能的手机

要不,我们现实一点儿吧——头一部带版本升级的手机。可这种也贵得不像话。

14.一年做两次以上头发

好吧,也许只有我这么干,但是长头发的保养就是很贵,又要剪又要染,一样都少不了。我才不管分叉的发梢和发根有没有露出来呢。对我来说,定期去美发店实在太贵了。

15.开通各种视频网站会员

如果不开通,记得感谢你朋友的朋友的兄弟的堂姐的前未婚夫的登录信息。

16.定期外出聚餐

我只希望不要因为在某人昂贵的生日宴上稍微吃了点儿,喝了点儿,就像欠了100美金似的感到惶恐。

17.去看望朋友和家人时住酒店而不是在客厅沙发上蹭住

住别人家当然不花钱,但你必须遵守他们的作息和家庭规则。我想自由一些,谢谢。

享受型消费

18.度假

为什么有人能随随便便定下一年内多次出国旅游的计划?四年前去多米尼加共和国旅行的花销我至今还没

还完呢。我到底哪里出问题了？（参见第11条）

19.一张很赞的特大号床垫

我说的是五星级酒店品质的床垫。拜托，我需要更多空间把自己摆出一个"大"字形。

20.家居店里昂贵的商品

请闭上眼睛，想象自己走进巨大的家居店，面对着人造皮毛毯、精致的餐桌和编织篮，仿佛灵魂出窍了。好的，太好了。现在你明白我的感觉是什么了。

21.过节买礼物

比如感恩节的时候，火鸡贵得离谱。还要给别人买礼物，这简直是最坑人的事了。

22.请私人教练

我所要求的只是一对一的持续关注，我说的是在健身房。当然，在日常生活中我也需要。这就是名人保持身材的秘诀。但为什么对普通人来说非得这么贵呢？啊？

23.隐形牙套、假牙

我们的牙齿总会走向衰老的,这些都会用得上。

24.漂亮的名牌包

那些拿着正品奢侈品包到处跑的人都是谁?他们从哪儿来的钱买的这些包?这包是长在树上随便摘的吗?我路过的时候怎么就没看见呢?

25.豪车

老实说,我对我的代步车非常满意,但如果我想要一辆豪华车,比如奥迪或雷克萨斯呢?上面那些东西的钱我都凑不齐了,所以我开始认为,拥有一台好车这样的好事儿永远不会落到像我这样的普通人头上。

26.心理治疗

未来听上去令人担忧。我们得聊聊吧。

Chapter 1 / 谁说普通等于失败

失业后,我承认自己就是个普通人

"嘿,萨曼莎,你有时间聊聊吗?"

"当然。"我立马回复道。我正纳闷新公司的总裁想和我说什么的时候,手机响了。

"您好。"我接起电话。

"你好,萨曼莎,我是罗伯特。嗯,我就开门见山吧。昨晚,投资方撤了资,公司决定更换赛道。我们现在不得不优化一些员工,很不幸,你是其中之一。"他停顿了几秒钟,可能希望我作出一些回应,但我一句话也没说。"我知道你刚来几天,我们也试图说服他们,但他们已经拿定主意了。"

"好的。"我回答。我脑子飞快地转着。我想说,这些人不是刚刚雇了我吗?资金变更和裁员计划不可能是一夜之间就冒出来的啊。他们雇我的时候知道这个情况吗?

他接着说:"发生这种事,我们真的很抱歉。祝你好运。"

"好的。"我挂断电话,再也说不出别的什么了。但我还能说什么呢？我可不想对他说没关系。很有"关系"好吗！我也不想对他说谢谢。我有什么好感谢的？我本想说去你的，但电话那头是一家创业公司的总裁，他无计可施，只能裁掉八成的员工。他已经完蛋了。

挂断电话后，我坐在那儿，盯着电脑屏幕愣了几秒后，大哭起来。

这是一场正式宣判。我巨大的突破居然是一次彻底的失败。

得到一份梦寐以求的工作，就是一个梦。不管要花多少时间实现梦想，你都拼尽全力。你常常会想，梦想真的能实现吗；又或许，你太平庸了，根本无法实现梦想。但后来，梦想化身工作机会出现了，一切努力都没有白费。最后，你觉得自己得到了认可。你真的很出色！一点儿也不平庸。

这就是发生在我身上的事情。就像试衣服一样，试了多份工作后，我开始气馁了。当然，有的工作适合我，但没有一个是最适合我的。我一直认为自己会有这样一个非凡的职业生涯，杰出的天赋带领我走上一条前所未有的伟大之路。但我的生活是如此枯燥。梦醒了，我回

Chapter 1 / 谁说普通等于失败

到我普通的岗位上,回到我普通的家,上床睡觉,第二天醒来又把这样的日子重复一遍。当然,我有远大的梦想,比规规矩矩的"朝九晚五"生活更远大的梦想。但是,对于像我这样的普通人来说,这样的梦想真的能实现吗?

奇迹就是这样发生的。寻寻觅觅,最后我找到了我理想的工作,它简直就是为我量身打造的。这个职位正是我梦寐以求的。公司从事的行业,也正是我的兴趣所在。我的收入还增加了两万美元。这一切简直美好得有点儿不真实了——剧透提醒:唉,其实也不算是剧透,你都知道了——这的确不真实。

我一直沉浸在得到新工作的喜悦中,忽然听到自己被炒了,简直不敢相信。两周前,我还坐在上一个公司的办公桌前扳着指头熬日子,以为自己终于可以离开那个平庸的工作,去扮演一个更新的令人兴奋的角色了。我的自我已经膨胀了,在生活中和网上故作谦虚地炫耀着即将开启的刺激人生。收到被炒的通知后,接踵而来的一连串事件让我沮丧不堪,我就像一个气球一样,被一点一点地放完气,难过到了极点。

我知道，失业意味着我必须马上找到一份新工作。但我也知道，短时间内找到一份很棒的工作——也就是一份能达到我所有高标准的工作——希望委实渺茫。

我在想，难道我真的只配拥有普普通通的事业和人生吗？如果真是这样，这有什么错吗？为什么我们很难对一般好的工作感到满意？难道我们这些普通人就不能接受不出众的自己，为小小的成就而庆贺吗？非要取得乔布斯和奥普拉那样的成就才值得喝彩吗？

这是我人生中第一次被解雇，这滋味就像突然被人抛弃了，而那个人曾为你生活的方方面面提供了资助，让你获得了负担得起的、体面的医疗保险。你失去了与你相伴最久的东西（我们每周醒着的时间大多都花在工作上，不可悲吗？），你还不明白个中原委。你就这样被迫重新开始，但我才刚刚重新开始，不想被迫重来一遍。

更不用说，我觉得好没面子。不——我简直羞死了。我该如何面对那些我故作谦虚地吹嘘过的对象？我没法面对。难道我注定要在家里度过余生吗？不，那样的话，我就再也去不了星巴克了。我需要我的星巴克。

说到星巴克——我，一个失业人员，如何负担得起每天一大杯无糖香草杏仁奶冰咖啡？哦，天哪，为了我的银行存款，我就必须牺牲我的咖啡吗？

可以想象，从经济角度来说，我完蛋了，但这并非因为我是一个无脑的碎钞机。几乎所有被解雇的人在经济上都是一团糟。如果你还有存款，你会马上失去这笔备用金。你得拿它去付房租，还贷款，支付各种重要的生活开支。如果没有存款，但愿你能拿到补偿，因为失业金根本不够用。

我本打算用新工作的工资来偿还债务，但没了收入，我开始感到恐慌。我该怎么付账单？我还有钱买菜吗？我该如何还清信用卡？我该如何为将来存钱？

幸好，我拿到了裁员补偿，这可帮了大忙。哭过后，我简单算了一下，由于这边工资高，我拿到的两个月补偿就相当于之前四个月的工资。我的心里又亮堂起来了。

当然，找到一份不同凡响的工作肯定很艰难，但如果我可以在接下来的四个月里找到一个很棒的工作方式，例如，做自由职业者，又会如何呢？我可以精打细算，想方设法减少开支，专心写作。毕竟，全职写作，写我想写的东西，才是我的梦想，而且我觉得我足够出色，完全可以实现这个梦想。我读过很多类似的成功故事，人们被解雇后创业，开启新的职业生涯。我曾以为原先的新工作是我事业的一大转机，但也许，只是也许，被解雇才是真正的走向成功的入场券。

我打电话给妈妈，告诉她我的想法，也告诉她我被解雇了。

她的反应是，"萨曼莎，你不能那样。医保怎么办？你需要一份工作"。

她说得没错。医保很重要。该死，它怎么就这么碍事？要买得起医保，正常情况下，你得有一份工作，或者你的另一半有工作，而那个时候，我和现在的丈夫丹还没有结婚。我还盘算过要不要奉子成婚，因为有了孩子，我就能获得为孕妇提供的医保，可为了医保就仓促成婚简直是疯了。

我知道我妈是对的。毕竟，我没法改变我普普通通的背景。我没有信托基金拿不出来钱买医保，也没有帮我付房租的爹妈。天哪，我连存款都没有。丹当然更没有义务养我，我也绝对不会让他这么做。我只是一个普通人，在一个普通的世界里应付着生活。这意味着我需要一份能提供医保的普通工作。

不过，在此期间，我可以试着一边找工作，一边写作。我知道自己肯定是在做无用功，至少在我人生的那个阶段不会有任何结果，但我内心也抱着一线希望——或者说更像是妄想——我是卓尔不凡的，可以一夜成名，凭一己之力赚它个几百万。谁又说得准呢。

这就是我的一线希望。而且，要知道，失业的人要一直怀有这一线希望。你看，当时的情况很糟糕，真的很糟糕。

失业摧毁了你的希望和梦想。你努力维持着信心，尽量多投简历，但一段时间后，你的生活就变得没有希望了。钱一点点地减少，你努力维持的那一点点希望也渐渐黯淡了下去，你想知道为什么这一切就这样突然发生了。

你被解雇是因为不够优秀吗？因为如果你真的很出色，应该早就该找到新工作了吧？难道没有人想要你吗？你不适应这个世界？你该改行吗？你该去学校回炉再造吗？

这样的消极想法让我接下来过了一段暗无天日的日

子。丹早上6点起床上班时,我还在半梦半醒中。他出门前会走到床边,推推我说:"该起床了。"就像我小时候,我妈费劲地哄我起床上学一样。

"这就起来。"说着,我翻了个身,想等他走了继续睡。既然我可以安安心心地睡觉,为什么还要醒来让自己陷入焦虑呢?在这个时候,显然睡觉才是明智的选择。

中午11点左右,我从床上爬起来,烦闷地从卫生间走到沙发跟前,在黑暗中一坐就是几个小时。是真的几个小时。我的意思是,在失业的这段时间里,我只花了一周半的时间,就看完了六季的《绯闻女孩》。但不做这个,我还能干什么?我换一种说法吧:我还干得起什么?

你知道的,总有些人会跟你说他们没有钱,啥啥都干不了,但后来你发现他们周末出去度假,或听音乐会去了。你马上就会有这种感觉:等等,你说过你没钱,但你肯定有呀——你只是不想把钱花在跟我们一起的活动上,你要留着干别的事。

不过,我现在是真的没钱了。我觉得,要是不考虑债务,我的确是有一些钱的,但还不足以让我去计划一些可有可无的东西。比如，在周末，一个朋友约我吃晚饭，另一个约我吃早午餐，我没法决定该把钱花在哪个提议上。哪个提议都不能让我花钱，哪个提议我都必须拒绝。

我必须用我仅有的一点钱来付房租，养车，买食物，付话费和其他账单。我根本不敢把这些钱用在其他消费上，因为如果不能在弹尽粮绝之前想出法子来挣钱，我就真的不知道该怎么办了。

没有工作甚至不是被解雇最糟糕的结果，没有工作一切都完蛋了。

没有工作意味着不能消费，而我迄今为止的消费全是无脑消费。

没有工作意味着你什么都安排不了。

没有工作意味着独自度过每一天。

没有工作意味着你会像坐过山车一般经历希望和绝望——一个前景不错的工作的招聘广告会点燃你心中的希望，而简历投出后石沉大海或者直接被拒，又让你顿时跌入谷底。

没有工作意味着在沙发上连续坐好几个小时（有时

是几天)看电视,因为我能想到的其他事情都得花钱。

没有工作让我很费劲地对别人解释我的处境,并意识到与我打交道的很多人似乎都不担心钱的事儿,也从来没体验过我这样的处境——必须四处找工作,到处面试。

没有工作给你一种被误解、不被欣赏、尴尬又平庸的感觉。

但是平庸又有啥错呢?当然,我有远大的梦想。当然,在那个时候我还离我的梦想有点距离,但那又如何呢?如果我这么年轻就实现了所有梦想,我还要努力什么呢?

做一个普普通通的人,很棒的一点就是你总有一些奔头,总有一些念想。你的生活恰到好处。在经济上,你也许表现欠佳,但你有栖身之所,有吃有喝,已经做得不错了。你可能没得到梦寐以求的工作,但你正全力以赴,努力前行,你绝不是个游手好闲的人。那么,如果成功不是一蹴而就的,如果巨大的成功根本就不会到来呢?你已经做得够好了。你过得很开心,从什么时候起开心成了一种罪过?

刷完《绯闻女孩》，我琢磨着接下来能看什么剧。这时候，我仔细地照了照镜子，叹了一口气。我在干什么呢？这不是我。我不是那种要风得风，要雨得雨的人。我只是一个普通人，要有所收获就得努力工作。但我并没有。我一个星期投几份简历，巴望着其中一份带来奇迹，这样我就不必继续参加再就业中心强制性的就业辅导了。当意识到其实我应该把这当作走出去的动力时，我觉得自己可以摆脱这种处境了。

被人拒绝真的可以成为你追逐目标的动力，可直到我正视了自己很普通这个现实，我才真正意识到这一点。普通并不是坏事，它只意味着我很正常，很平凡。要是我想做得更出色，就得努力让自己变得出色。我必须努力奋斗让自己脱颖而出。

拥抱自己的普通让我明白，我不可能总能得到我想要的，但是，又没人规定我不能尝试。我可以试一次，试两次，试三次……我可以一直努力，直到最后拿到我想要的东西，说不定还能搞清楚我真正想要什么。如果有公司不选我，没关系，总有人会要我的。要是有些事情进展不顺，也没关系。真正顺利的事情会进展得更好，也会带来更大的收获。

　　接受了这一点后,我开始每天早上和丹一起起床,尽管我还没有工作。我打扫公寓,写作,做饭,锻炼,当然,还有求职,有时候还去面试。每次被拒绝的时候,我都会以此激励自己。

　　不久之后,我终于得到了一份新的全职工作。我再次感到自己是被需要的。我满怀激情,踌躇满志,兴高采烈。当然,我仍然觉得自己很普通,薪资一般,职位普通,但这一切意味着我从此有了地方可去。最重要的是我有了一份工作。我会做一些自己擅长的事情并因此得到报酬。我意识到这听上去没什么了不起的,但归根结底,这就足够了。并不是每个人都这么幸运。

　　我很高兴过去的那个自己从废墟中站了起来,但大手大脚的习惯和那个膨胀的自我还是留在那儿吧。我之前还不知道自己需要这个打击,需要尝尝失去稳定的薪水是什么感觉。别误会,失业的确糟透了,但见鬼的是,它让我对金钱有了正确的认识。失业就像一门学时五个月的课程,科目就叫作"不让自己的经济完蛋的101种方式"。老实说,如果是在另一个世界的外婆看到我在酒吧随便给十个人买单后决定让我吃这些苦头的,我一点儿都不会感到惊讶。我都能想象到,她会说:"真是太不像话了!必须给她点儿教训!"失业也教会了我做一个更好的人。

······················ ★ ★ ★ ······················

在此,我要分享一些在这次失业后收获的最深刻的教训。

任何事情都可能随时发生在任何人身上。

你总觉得这样的事情可能会发生,但你从来没有想过会发生在自己身上。等到真的发生,当然,你会觉得彻底完蛋了,却什么都做不了,因为你已经被推到台上,不管有没有准备好,都必须去面对,最后闯过难关。下次,我会做好准备,或者至少在事情发生前尽我所能做好准备,因为那样的事肯定还会发生。毕竟,普通的事情总会发生在普通人身上。

一块钱也很值钱。

几个月来,我都没有动用自己的积蓄。我的开销还不到现在收入的一半。的确,失业了我没法存钱或者还款,但我学会了勤俭节约,学会了身为普通人该如何花钱。我明白了"需要"与"想要"的区别。我明白了自己过去把大把的钱花在了不该花的地方。现在我开始存钱了。谢谢你哦,失业。

你可以说"不"。大家依然爱你。

我没有工作的时候不去逛街,也不太外出吃饭。我宅在家里很久,但是我很惊讶,朋友们都没有忘记我。我还活着,只是不再像过去那样了,但日子还在继续。

小成就也是成就。

我过去从不庆祝小小的成功,因为太平淡无奇了。我满心想着让别人认为我很特别,很有天赋,对于迈向更大成功的路上的那些小小的成果,我都视而不见。永远不要忽视这些小小的成功。可以说,它们比庆祝那个最后的成功更重要,正是这些一步步的小成功带你走向了目的地!

要有所收获，必然经历牺牲、努力和失败，所以欣然接受这一切吧。

生活不易，总有糟心事。如果你认为这些都不会发生在你身上，很抱歉你想错了，不过我也不会因为你自怨自艾就可怜你。没有人能免于失败，没有人能免于犯错。我们正是从失败和错误中学习、成长的。缺少这样的经历，你就做不好事情。成功不会从天而降，极少数"锦鲤"除外，但我们大概率不是，所以……

伤心支出剪贴簿
超出我们"还可以"的收入的支出清单

租金或房贷

"欠了一屁股债"

无论赚多少钱，租金或者房贷总会占到你月薪的一半左右，而且这笔支出看起来永远都不划算。我的房租总是无缘无故地上涨，房子既没变大也没变好，完全就没变，却不知为什么更贵了。合理吗？不，来个人把我的房租免了吧。当然我只是开玩笑——我还是需要一个住处的。我想我会继续把薪水花在租房上,而不是存钱买房,不然我就得还房贷了。我们普通人生活在一个多么扭曲的循环中啊,不是吗?

生日会

"自我中心主义的舞台"

总是在光一份沙拉就超过15美元的店里举办。总是让人在买单的时候尴尬。总会有一两个你不喜欢的人。总是把时间定在不方便的时候,其实就没有哪个时间是适合办生日会的。过生日的人是真心不想摆宴请客,但是公平起见,给其他人的生日会买单后,必须计划一下自己的。

度假

"宁滥毋缺"

度假总能超出你的实际负担能力。虽然度假本该令人全程放松,但假期前后总让人感到压力重重。实际的假日生活永远都跟你在社交媒体上贴出来的照片不一样,从来都不是你所希望的那样。假期永远不够长,不够多,永远得不到预期的回馈，但你总是需要度假的。

养车

"死贵死贵的破玩意儿"

你的银行账户每个月都会被扣掉一笔车贷还款，你还总需要拿出额外的钱来养车。偶尔车坏了还得拿出更多的钱来维修。最终，车彻底开不了了，你要再买一辆新车。这让我想到一个问题：我们被教导，对人不要喜新厌旧，可为什么对车就可以换得那么快呢？如果汽车跟一次性的似的，不该便宜点儿吗？一次性相机的价格比普通相机的价格便宜多了，凭什么汽车这么贵？

酒

"一杯在手，烦恼莫有"

不管什么品种，家里总会有。它总会与你分担忧愁，共享欢乐，差不多就是你的家人了。

新衣服

"非常美，非常有罪"

完全没必要买。根本不是那么合身,但你急着要买,因为,嗯,你想要一套新衣服。但是,除了你自己,别人压根儿都不会注意到你穿了新衣裳。事实上,如果你一套衣服穿好几次,也不会有人注意到的——真的,即便以前你穿着它拍过照片还发到了网上。衣服买回来只穿一次,这纯粹是浪费钱。

健身课

"还你一个蜜桃臀"

总是太贵。总让你觉得自己需要更高级的运动装,结果你就买了好多。跟人说起去健身总是很开心,但要真的迈出那一步又没么有趣了,除非你有新的运动装可以炫耀,否则总觉得去了也没意思。

礼物

"中看不中用"

别人庆祝好事,干吗要让你破产?你跟他的好事一点儿都不沾边,你又不是主角,在一系列的显摆邀请和慈善募捐活动中,你只是无辜的旁观者。老天,救救我吧。

你做东请客

"快乐是别人的,烦恼是自己的"

让你压力满满,让你无比焦虑,让你想太多而无法真正地享受,还要买一堆无用的东西,而你根本就不需要这些,纯粹是为了让大伙开心才买的。你还不能取消计划。不过,如果是在家请客的话,倒是给了你一个打扫房间的绝好理由。

大奖

Chapter 2

给普通的社交生活点个赞

关于"塑料"友谊和逢场作戏,我想说……

社交能力一般,如何交到新朋友?

"嗨!"我搭地铁去约定的餐厅,路上给她发了个信息,"很期待今晚的约会。你穿的什么衣服?我好找到你。"

"嗨,萨曼莎!我也很期待,我穿着灰毛衣和牛仔裤!待会见!"她这样回复我。

我低头看着自己这一身:黑色紧身皮裤,灰褐色丝质衬衫,黑色短靴。我瞪大了眼睛,嗓子眼儿发干。我挑衣服的时候都在想什么啊?打扮得太刻意了吧。她会怎么想我？我干吗要答应跟她见面？什么样的白痴才会答应去跟在推特上认识的人吃饭？

她的名字叫莉安，我们在推特上互相关注。

在这之前，我们在现实生活中从来没有见过面。我俩都在媒体行业工作过，也都喜欢网上的搞笑梗。给彼此的推文点了几个月赞以后，莉安给我发私信要我的邮箱，几分钟后，我就收到了一封她的邮件。她说她刚来我们这一带，问我是否乐意跟她喝一杯。我回复好的，接着我俩就定下了见面的具体细节。

我很高兴能在媒体行业有一个新的人脉，也很兴奋说不定能交到一个朋友。当然，我已经有很多朋友了，但我总是乐于结识更多朋友。只是，我真的不知道该去哪里认识新朋友，也不知道怎么认识新朋友。我的意思是，说实在的，我的社交能力一般，社交生活也平淡无奇，怎么才能认识新朋友呢？我能交到新朋友吗？我是否注定就只能去抓住那些短暂的旧的友谊吗？

我原来就认识的那些朋友都和我不一样。我们从事不同的行当，在不同的地方生活，喜欢不同的社交场合，各自的生活方式也渐渐有了差异。我担心如果这些友谊都淡了,我该怎么办呢。即便这些朋友都还在,我内心还是有个声音在说,希望至少有一个跟我差不多的朋友。莉安会是那个人吗?她在媒体行业工作。她喜欢在社交媒体上向粉丝发送"垃圾"私信。也许就是她了,对吧?

我以前从未做过这样的事——线下"面基"。这算得上一次"面基"吗?我不确定。莉安只是想建立人脉吗?我感觉自己像个十几岁的小女孩,不确定周五晚上在电影院遇到的那个男生是邀请我以朋友的身份还是其他身份出去玩。很明显,我这一身打扮表明我有所期待,但她又是怎么想的呢?

出了地铁,我拐了个弯,来到餐厅。我走近餐厅前门,看到里面十分拥挤,顿时惊慌起来。我很讨厌自己普通的社交能力,又不得不独自去一些地方与人交往。年轻的时候,每年夏天我都会找一个朋友和我一起去露营,因为我担心如果我一个人去就会缩到自己的保护壳里,直到周围有我认识的人,才会从保护壳里钻出来。我还会带一堆糖果,唯一的目的就是讨好别人做我的朋友。那个时候,我真希望身边能有一个朋友,或者一把糖果,来打破僵局。

一进餐厅,我就四处寻找那个穿着灰色毛衣、独自坐在一张双人桌旁的女孩。我看到她了。她盘着头发,戴一副眼镜,就像美剧《发展受阻》中的凯蒂·桑切斯①一样,只是比她酷多了。她化妆了吗?我走到桌边也没看出来。不过,我注意到她穿了运动鞋,不知怎的我更紧张了。为了这顿晚餐,我用力过猛了,为了让自己给对方留下深刻的印象,我穿上了该死的高跟靴。

"莉安?"我问。

她放下菜单,微笑道:"萨曼莎!嗨!终于见到你了,太好了!"她从凳子上站起身,凑上来拥抱我。我也拥抱了她。

我脱下外套,放在椅背上。"见到你也太好了!不好意思,我穿得太正式了,下了班直接来的,你懂的。"我撒了个谎。事实是,我下班后回家换了衣服,那天我还比平常早起了一个小时,为这次约会卷了头发,但那已经不重要了。

---

① 编者注:《发展受阻》是美国著名情景喜剧。剧中的凯蒂·桑切斯为棕发、红唇的拉丁裔形象。

在接下来的一个小时里，我们喝酒，吃奶酪，聊天。最后，买单。在我买单签字的时候，莉安站起来，穿上外套对我说："谢谢你今晚能来，我太开心了！"

"我也很开心！"我回道，心里琢磨着要不要说我们再约一次。可要是她不想再出来怎么办？要是她不喜欢我怎么办？要是因为我说工作的事儿说得太多，她不喜欢我怎么办？要是因为我说工作说得不够，她不喜欢我怎么办？在这次"面基"中，我觉得自己表现得太不起眼了，简直没第二次约出来的可能。

我们轻轻拥抱了一下对方，道了再见，然后走出了餐厅。我意识到我们要去同一个地铁站，这太尴尬了，所以我就朝相反的方向走，想着绕点儿路再回来。绕道而行时，我在老友群里发了条消息："这个周末大家都忙什么？有人想出来吗？"

为什么躲回熟悉的地方那么容易，而探索未知就那么可怕？我的老朋友是我熟悉可知的，即便在我展望未来时他们会让我闭嘴，但我至少知道他们确实是喜欢我的，哪怕我有很多毛病。可新朋友是未知数。我不知道他们会怎么回应我的臭毛病。我不知道他们是否会觉得我平淡的人生有趣。我不知道他们是否会觉得我足够好，可以再一起出去玩。

我和莉安约过一次后，再也没有联系过。若干年后，我不确定，她当时是否和我感觉一样，她是否也太紧张了所以不敢联系我，或者，她是否只是对平庸的我没有深刻的印象，很高兴我再也没有联系她。说实话，我都不确定她是否还知道我是谁，但我是知道她的。不是因为我还在推特上关注她，而是在我30年的人生中，她是第一个也是唯一一个和我"面基"的网友，我永远都不会忘记这一点。

没错。自从"面基"失败后，我平庸的社交能力开始让我非常焦虑，我完全不敢去结交新朋友。与此同时，时光飞逝，我的很多老朋友也渐渐淡出了我的生活。结果就是我渴望结交新的朋友——老实说，我简直像闹了"饥荒"。但我平淡无奇的生活方式完全是一块绊脚石。

普通人的生活基本上就是起床，上班，照顾自己和家人，上床睡觉，循环往复。也许偶尔会逼着自己做点儿别的事情，比如早晨喝杯咖啡，迟到不超过15分钟，或者，在自己想彻底瘫在沙发上的时候硬着头皮去健身房。那么，普通人该如何结交新朋友，在什么时候结交新朋友呢？（更别说还要努力保住老朋友了）没有什么安排好的时间和地点能让你认识新朋友，但这通常不会对你造成困扰，因为你已经有朋友了（只是没有时间跟他们相处）。但是，随着时间的推移，越来越多的朋友会淡出你的生活，你会渐渐失去与朋友的联系，你会意识到结交一些新的朋友也不赖。

所以，该怎么做呢？普通人怎么才能交到新朋友呢？

普通人在职场如何建立"七分"的友谊？

工作跟上学不一样。不是每个人的境遇都和你的一样，也没有人是来交朋友的。午餐时不会打铃，不会把大家聚在餐厅里社交。没有体操队，也没有啦啦队，让你在进不去体操队的时候好歹有个组织可以去（开玩笑的），这里完全没有课外活动。那些肤浅的社交是必要的，比如谈谈天气，说说你怎么打发周末，但是与其他人建立真正连接的社交呢？它不是职场必需的。

这些年来，我在工作中交了一些朋友，但这和在学校交朋友绝对不一样。每次我以为自己在工作中交到了一个真正的朋友,一旦我们中的一个换了工作,友谊就断了。一些人还留在我的社交媒体上,但我们之间的交流断了(真是社交媒体讽刺意味[①]的完美展现,我知道的)。

那么,在职场真的能交到新朋友吗?还是一旦你们不再一起吐槽老板,你们的友谊就会消失?

有时,我觉得年轻的时候应该交工作上的朋友,也觉得自己错过了在职场上结交新朋友的机会。下班后,我很少有时间去社交,就算有什么活动,也是和一个虽然不怎么见面,但认识很久的朋友一起。周末,我总是很忙,几乎没有时间去和同事交往。可能就是因为这个原因,当我们不再做同事了,也就没有友谊了,也许他们也是因为这个原因很难跟我保持联系。在朝九晚五的工作时间之外,你能腾出时间去交往的人只有那么多。

还有一个问题:在工作中结交朋友是个好主意吗?这么多年下来,我想明白了,应该把工作跟个人生活分

[①] 编者注:社交媒体具有讽刺意味,主要体现在它的设计初衷是要将人们聚集在一起,其本质却在一定程度上阻碍了真实的社交互动。

开。你不会想把你同事的事吐槽给你不信任的人,而友谊是建立在信任之上的。在和某人成为真正的朋友之前,你需要看看他是否值得信任,但拿自己的工作去试探,值得吗?我觉得未必。所以我在工作中奉行这条理念:"跟每个人都处好关系,但不要相信任何人。"

在职场结交新朋友,普通人可以做的最好的事情就是专注于建立"七分"的关系,让自己愉快地度过工作日。如果有一天你们不再共事了,却还保持着良好的关系,你就会明白你交到了一个真正的新朋友,而你在平淡的工作关系中付出的巨大努力都是值得的。

普通人如何通过共同的兴趣爱好找朋友?

除了公寓和工作场所(还有咖啡店),就只有一个我经常去的地方——芭蕾健身房。自从五年前我开始上芭蕾健身课,我已经和差不多三个人比较熟络了。这可不包括老师。我和老师们的关系都还不错,但我敢肯定,这只是因为我付了钱,他们得对客户友好而已。不过这可以忽略不计,我愿意相信他们就是我现实生活中的朋友。我不想去上课的时候，只要想到有这些朋友在，也会拖着一身懒肉去上课。

从某种意义上说，芭蕾健身课让我想起小时候上的舞蹈课。我必须在某个时间到达教室。教室里到处都是镜子，可以让我看到自己的动作标不标准。我的这个健身课太贵了，课上教的有些动作我过去在芭蕾课上都学过。不过，这个健身课跟过去的芭蕾课还是有很多不一样的。对于初学者来说，这50分钟只是健身锻炼。我可以决定什么时候去，不想去了就不去。课上会教一些舞步动作，但我们不是非得如它们学会了然后去表演独舞。健身课与芭蕾课最大的区别在于没有团队氛围。因为我是在舞蹈队长大的，所以多年来我每周有好几天都和同一批人一起上课。我们相互了解，并建立了友谊。

刚开始上芭蕾健身课时，我想，也许，仅仅是也许，我会在健身房交到一两个新朋友。我的意思是，有什么理由交不到朋友呢？我们这些上课的人都有一个共同点：下班后飞奔回家，在50分钟的魔鬼训练中摧残自己的身体（开个玩笑），而且我们都很喜欢这个课，喜欢到要穿着印有健身房标志的背心和运动衫上课。健身房是一个圈子，圈子中的人都很亲密。那么，为什么我并没有真正了解我这个圈子里的人呢？

有几个女性和我同班，她们是朋友。我经常在想，她们是怎么认识的，我是否有一天能打入她们的圈子。她们是在课上认识的吗，还是在课外就认识？她们在上课的时候，怎么会有时间聊天？平庸的我总是在上课前的最后一秒钟冲进健身房，站到最后一个位子上；下课后，我拿上东西就跑到隔壁的超市买冷冻食品，其实我根本不需要买那么多。我是不是应该早点儿来教室，课后再逗留一会儿，等着人家跟我说说话？

有段时间，我在恰当的时间来到教室，跟周围几个熟悉的面孔聊了聊天。我甚至在社交媒体上跟其中几个人互相关注了，并且跟他们每个人都说过"找个时间去喝一杯"。但也仅此而已，再没下文。没有人来定时间，促成此事。我能发起这个活动吗？当然可以。但我总是又累又忙，而且我平平无奇的社交能力在面对可能被拒绝时会骤然失效。

我们普通人在和与我们有共同兴趣的人一起参加活动时，可别再担心自己不够好，不能融入圈子了。我们都在努力——在健身运动中、社交活动中、课堂上,乃至在整个生活中——甚至有些人比其他人努力很多。永远不要觉得自己低人一等,因为很可能其他人在很多事情上都跟你有一样的感觉,不管他们表现出来的样子如何。

所以,要抓住机会,去认识人。和你在健身房经常遇到的人聊聊天,请你的同桌喝杯咖啡,和聊得投缘的人约个时间聚一聚——一定要记得约定时间,把计划给定下来。从现在开始执行。不试试怎么知道呢?而且,在职场外交友,你也不会有什么损失。

如何结交不在你日常生活圈子中的朋友?

如果我没上班,没上健身课,你会发现我可能就窝在沙发上,一边刷社交媒体,一边追着刚开始看的电视剧(只看一集那是不可能的);也可能是在电话里向我妈抱怨着什么,在商场买玻璃羊驼、靠枕,或者和老朋友在外面玩。看到了吧,我并没有把自己置身于容易交到新朋友的情景中。

我成年后结交的所有为数不多的新朋友,都是共同的朋友介绍的。不过,不能指望用这个方法去结交新朋友,因为这种机会很少。现在,我和朋友在一起的时候喜欢聊一些别有深意的话题,聊聊我们的生活,我喜欢这样的氛围。如果有第三方在场,就不太容易聊开了。

所以,如果我想通过朋友交新朋友,应该让他们给我安排友情"相亲"吗?我的意思是,有朋友对我说过,我应该会喜欢他们的同事,会和他们的某个我不认识的朋友相处得很好。我应该借此让我的朋友"撮合"我们吗?或者我可以提议把我们双方的朋友约到一起聚会。也许我的某个朋友,也会和我的朋友相处得很好。

我从来就不喜欢这种情景,因为我总会感到很尴尬。为什么呢?一个对大部分人不熟悉的人被丢进一群熟人中时,气氛会变得很微妙。在这种情况下,你得积极加入对话,努力尝试去认识人。那么这里是有什么问题的?问题就在于,尝试是最麻烦的,没人喜欢尝试。

但要是想要认识新朋友,你就必须愿意尝试。我觉得,友谊就像婚姻一样,只不过没有那一套花哨的婚礼而已,也不用从一而终,还不用负法律责任。如果你想建立友谊,并拥有持久的友谊,就必须走出去,去认识人,去维护关系。

我认识很多人,他们加入都是成年人参加的运动队,还有一些同好组织的聚会,希望能拥有一段奇妙的邂逅,结果却只交到了新的朋友。我是说,这简直就是美国真人秀《单身汉》的剧情嘛。这个节目不只是为了在社交媒体上吸引粉丝,也是为了追求友谊,偶尔,还有爱情,不过这有争议的。

所以,我们普通人如何才能跳出自己的圈子,交到新朋友呢?其实,我们可以给我们的人生加点儿不一样的料。我们可以做一些疯狂的事情,比如搬到一个新的城市,跟不同的人和事物打交道。我们也可以一心扑在自己熟悉的领域,找到那些对这方面也略知一二的人。我们在任何地方都能找到这样的普通人群体,他们爱养狗,或者爱跑马拉松,又或者从事着某种行业。基本上,我们需要的只是尝试迈出第一步:让普通的自己走出去,置身于那个普通的世界中。

普通人交友注意事项

说到底,像你这样的普通人要结交朋友,真正需要做的就是摆脱不自信。自信一点儿,去交朋友吧。你不需要为了交友而让自己表现完美。事实上,那样可能会把别人吓跑。你要承认自己不完美,就跟其他人一样,这样的你才是一个值得结交的理想对象,人们才会愿意跟你打交道,与你一起欢笑,一起成长。普通意味着你跟其他人一样,你能跟他人产生共鸣。所以,拥抱你的普通,保持你的普通吧。

有时候我会想,如果我能接受自己平平的表现,而不是一心想着要给莉安留下深刻的好印象,我和她的"面基"结果会如何。我们会发现彼此有更多共同点吗?她会再约我出去吗?我俩现在会不会结伴来一场横跨欧洲的背包之旅呢?她会邀请我参加她的婚礼吗?她会不会已经把我介绍给她的小孩了?拥抱自己的不完美,本可以让我结交到一个新朋友,改变自己的人生。可现在,我永远都不知道了……但我始终会思考这些可能性。

当你们的生活变得截然不同,还能做朋友吗?

我最害怕的一件事就是,随着时间的流逝,我会不断地失去朋友。如果有一天醒来,我的朋友们都不见了该怎么办?如果有一天,我的孩子们进入青春期,离开了我的身边,而我的丈夫又总在工作,这时我突然意识到,过去二十年我都没回复朋友们的消息,于是现在成了孤家寡人,那该怎么办?这就是我的未来吗?(不过老公忙得顾不上妻子这样的事倒是不会发生在我身上——我老公永远不会忙得顾不上我)我人生中遇到的大多数成年人都过着类似的生活。作为一个平平无奇的普通人,我的结局注定就这样了吗?

其实我早就知道,随着时间的推移,失去朋友是很正常的,只是我从没想过这会发生在我身上。我以为我与朋友的友谊比娱乐圈那些模范夫妻的婚姻加起来都要牢固。可我发现它其实更像那些爱得轰轰烈烈却以分手告终的亲密关系,美好一时,但并不意味着长久。

看到自己与朋友的关系渐渐变淡,我意识到其中许多关系并不是真正的友谊。我一心想认识很多人,以此来证明自己是多么优秀，多么出色，因而忽略了人与人建立连接的重要性，它不应该只是表面上的。表面上的友谊我已经有很多了，我缺的是有意义的友谊。

这并不是我从二十多岁开始就失去朋友的唯一原因。事情总在变化中。大家无疑都朝着新的方向前进了，忙于自己的生活。唉，我自己又何尝不是这样啊。我们的生活方式不再同步，我们的生活已变得截然不同。

我开始琢磨，是不是同样类型的普通人才能发展出友谊。也就是说，如果你们的生活方式完全不同，比如一个和配偶及子女住在郊区，一个在城里过着单身生活（可能还有一个合租伙伴——不管你的年龄多大，市区的生活成本都很高），你们还能做朋友？如果你喜欢穿着瑜伽服，不穿胸罩，不化妆，窝在沙发上看一晚电视，而其他人喜欢打扮得漂漂亮亮地出去玩个痛快，你们还能做朋友？如果外出玩耍涉及花钱时，你觉得太贵了，其他人觉得很便宜（老实说，90%的社交活动都要花钱），你们还能做朋友？

剧透一下：你们可以的。

听我讲个故事吧。

各自的生活内容不一样了,如何做朋友?

我正坐在美甲店的按摩椅上翻阅电子邮件,忽然电话铃声响了。

"接电话吗?"坐在我身边的朋友佐伊问道。

我又看了一眼手机,有点儿纳闷:"是蕾切尔,她想跟我视频。"蕾切尔和我几乎都不打电话了,更别说视频聊天了。我知道是怎么回事。"我得接啊,她多半是订婚了。"

我滑动手机接通视频通话,结果看到的不是蕾切尔的脸,而是一颗闪闪发光的钻石,在我脏兮兮的、裂了的手机屏幕上晃动着。我发出一声夸张的尖叫,不管在什么地方,即将步入婚姻的女性都希望听到这种反应,虽然她们不会主动要求你表现出来。"你订婚了!"我尽量压低声音地喊道,不想让自己在挤满顾客的店里难堪。

突然,镜头切换到一脸喜悦的蕾切尔,然后是她的未婚夫,最后又回到她身上。

"恭喜恭喜!太让人激动了!我真为你们感到高兴!"我必须再给点儿夸赞吗?我不确定。我还从来没做过这样的事。蕾切尔是我的朋友中第一个订婚的。

我又兴奋地尖叫了一声,争取了一点儿时间来思考接下来该说什么。我从许多言情剧里学到的下一个合乎逻辑的问题是"他是怎么求婚的?"但一想到这话,我就哑然失声了。原因有两个:一是,任何人都不会突然抛出"你愿不愿意和我结婚"这个问题。这可是一辈子的承诺啊。你不可能还没讨论过就突然决定求婚。二是,我凭什么认为是"他"求的婚?在异性恋关系中,真的总是男人来求婚吗?如果是这样,那是为什么呢?女人也可以求婚呀。

"你们怎么订婚的?!"我决定这样说。然而,说实话,我真的不在乎。我只对戒指感兴趣,但我忍住了没问。毕竟,庆祝我刚刚订婚的朋友决定与某人共度一生,一起纳税,一起存钱,直到她年老色衰,胸部下垂,显然比庆祝她得到了一件昂贵的珠宝并可以炫耀到死(或者离婚)更重要。

我刚挂断电话,佐伊就看着我说:"你和蕾切尔的友谊就要彻底变了。"

可是我不明白。蕾切尔和我是多年的朋友了,为什么就因为她要结婚了,而我还早得很,我们之间的关系就会变呢?

接下来的一年里,蕾切尔不断给我发信息,吐槽婚礼筹备的各种艰辛,而我对这些完全不懂。看着她狂热地投入婚礼筹备中,我不禁想,一个人是怎么变成这个样子的,满脑子都是婚礼上用的鲜花和各种自己做的装饰物,其他都不管了。每个新娘都这样吗?我想知道,如果有朝一日我当了新娘,还会像现在这样觉得所有的婚纱长得都一样吗,我也会开始喜欢餐桌上的装饰吗。

几年后,我自己也筹备婚礼了。我终于赶上蕾切尔了。我背得出书上每一种花的名字,礼堂的婚礼过道我去踩过很多次点了,闭着眼睛走都不会错。我试着联系蕾切尔,跟她探讨我的新乐趣,但她毫无兴趣。时过境迁,她已经走出这一阶段了。我们过的是不同频的生活。

这意味着我们的友谊注定要消逝吗?她现在已经当妈妈了,会不会因此觉得我的兴趣和我的生活跟她的相比不重要了?她已经买了房子,会觉得我的那些成就和这个比起来不值一提吗?她会觉得我的生活方式比她的落后太多,所以我已经不适合再做朋友了吗?

初次见面的时候,蕾切尔和我因为志趣相投而结缘。

那时我想，我们那么相似，肯定会一直都这么要好。但我现在开始觉得，我们共同的兴趣爱好已不足以维持我们的关系。也许，共同的爱好只能点燃两人互相吸引的火花，而相仿的生活方式才是让人们一直亲近的黏合剂吧。

我和她的友谊发生了变化，这让我开始担心我和其他朋友的友谊了。

我单身的朋友最终都会因为我已婚而消失吗？如果我搬到郊区，我那些住在城里的朋友会消失吗？要是我生了孩子，我那些没有孩子的朋友会消失吗？要是我的日常生活和他们的变得不再一样了，他们会从我的世界里消失吗？

刚成为朋友的时候，我们有那么多共同点。所有人都是如此。变化怎么会来得那么快？一群年龄相仿、背景相似、曾经有着相同的日程安排和周末夜晚计划的人，怎么突然就过上了不同的生活呢？

有时候我想知道，如果是在今天遇上我的朋友，我们是否还会成为朋友。如果我是在今天，在职场上认识的蕾切尔，我们会约着去喝点儿饮料吗？还是说，我们根本就找不到任何共同点，只能是有点儿熟？我的意思是，要是我知道谁的生活跟我的相似，我现在会有一个完全不同的朋友圈吗？

答案是，我希望不要这样。

你在电视上看到过那种嘉宾都是差不多的人的节目吗？没看过，对吧？他们总是不同类型的人，有单身的，有已婚的，有离婚的，有有钱的，有日子艰难的，有派对活跃分子，有为人父母的。要是所有嘉宾都一个样，那这节目也太无聊了。即便在现实中，这也很无聊。如果你身边的一切都是一个模子刻出来的，人生还有什么趣味？

相投的志趣和相似的处境有助于建立友谊，但仅有这些还不足以让友谊长久。你得做些什么才行。那么，该怎么做呢？下面我们就来谈谈这个问题。

为你在乎的人投入适当的时间

维系一段友谊并非易事。这不仅要付出精力，还要投入时间。哪个普通人有一大把的时间来维系与一大群朋友的友谊？没有的。

那么，一个普通人怎样才能成为一位合格的朋友，并且维系友谊呢？首先，就是给你的好朋友们打电话。其实我这么说是很违心的，因为我害怕跟别人打电话。我从小就怕这个。上小学的时候，我妈总是把电话塞给我，鼓励我给这个那个打电话，约他们出来玩。而我呢，就只是盯着我妈，不敢跟任何同学联系。因为我担心，我这么普通，他们压根儿就不想理我怎么办？

直到今天，我还是这样。有时候，我妈会跟我说："你不能只是等着别人来靠近你，萨曼莎！你也得主动一点儿。"就像她在我小时候说的一样。但是，一想到要给一个熟人或者朋友打电话，而人家当时可能根本就不想搭理我，我的焦虑症就要发作了。又想到无缘无故地给人打电话，没话也要找话说，那还是让我去死吧。

谢天谢地，还可以发信息。但是这也可能有问题。

能时时与人交流固然是件好事，但有时候这也像一种诅咒。技术的发达，让我们觉得应该时刻都能跟人保持联系，要是我们回应得不够快，那就是不善沟通。但过去你没法跟人保持这么频繁的联系，那又如何？友谊依然还在。这意味着，即便你不擅长和朋友时时联络，你们的友谊也不会中断。这也意味着，即便你并不总是善于跟人聊天,也没什么大不了的。

为了给你在乎的人留出时间,你需要在保持联系方面找到一个中不溜地带。也就是说,你不必经常联系他们,但需要每隔一段时间就联系一下。你们不必经常见面,但你们应该计划着时不时地见见。你不必秒回消息,但你得尽量全都回复。

你真正要做的是给大家腾出时间。毕竟,工作忙都是借口。我知道,你下个月的计划肯定有一些回旋余地,至少还留了点儿时间来放松。明智地利用这些时间吧。

为什么七分就是足够好?

我经常会想,我的朋友们是否也觉得自己不善于维系友谊。也许他们也怕打电话,也许他们也不善于发信息。又或许,除了我,其他人都每天给人打电话,信息发个不停,尽管他们的工作也很繁重,每天都很忙。也许我就是最菜的那个,最差劲的那个。这个女人以为自己拥有了全世界的朋友,结果发现,当她一门心思琢磨自己的友谊的时候,其他人却忙着就生活展开深入、有意义的对话。

但是,这跟事实相去甚远。事实上,每个人都在努力地平衡着友谊和生活。如果说做个普通人是一份工作,那么这份工作描述得有68页那么长。你要做无数件小事,不可能每件都擅长。其实,除了你自己(也许还有你的父母,但如果是这样的话他们也需要冷静下来思考),没有人真的指望你门门精通,所以说,做到七分,你就该感到满足了。

把你手头上的事情做到七分,往往就是最好的。所以如果你现在就是一个七分的朋友,你已经很不错了。你干得很漂亮。

11类不合格的朋友,失去也不遗憾

1.总是很忙的朋友

我:"嗨,周末怎么过啊?"

朋友:"今晚待在家里,周六家庭聚会。"

我:"嗯,不错,我们得尽快约一次!"

朋友:"没错,当然。"

我:"嗨,这周末你有空吗,我们可以约一下?"
朋友:"哎呀,我周末不在家呢。我要出城去,周一才回来。"
我:"好吧,那我们找时间再约。尽快吧,很久没见了。"
朋友:"当然。"

我:"嗨,这周找一天出去一起吃个晚饭?"
朋友:"工作忙疯了,抱歉,也许下周吧。"
我:"嗯,工作是很烦。好吧!"

就是这样的人。这个时候你就该放弃他们了。你根本不知道,我跟那些我觉得是朋友的人之间有过多少类似的对话。也许每次我主动邀约的时候他们真的都很忙,但要是他们真的在乎这段关系,他们会提出一个对他们来说方便的见面时间。可大多数人都没有。一开始,我感到很难过,因为失去友谊的感觉真的糟透了,但后来我顿悟了:等等,大家都很忙,但没有人是一周七天、一天24小时都不闲着的。就算这些人是普通朋友,他们也会抽空跟我见面的。或许我们的友谊连普通都算不上,我们根本没有友谊。老实说,这样也挺好的。我自己都那么忙,投入精力去见面的人越少越好。凡事都有好处。这个故事的启发是,如果有人不在乎你,你也别在乎他们。

2. "有毒"的朋友

不管是他们就你的行为评判你,还是你反过来评判他们,你们对于普通人的不同看法都不利于建立一段健康的友谊。也许他们觉得你出去玩得太多了;也许你觉得他们不成熟;也许他们觉得你很无聊,因为你不怎么跟人打交道;也许你不喜欢他们的另一半;也许他们觉得你抠门;也许你觉得他们是在打肿脸充胖子。

不管怎样,真正的友谊都能经受住这些考验。但是,如果有人不能接受你就是个普通人,你还想跟他们做朋友吗?谢谢,不必了。如果你不能接受一个人本来的样子,你还想一直因此而焦虑不安吗?谢谢,还是算了吧。有毒的东西永远不能留在身边。那是垃圾,所以得扔掉。

3. 搬到外地后基本不再联系的朋友

我过去常说,急着住到一起的伴侣很聪明,因为他们很快就会发现他们是不是在浪费彼此的时间。我倾向于认为异地的朋友也会经历类似的考验。你很容易就会发现你们的友谊是真的,还是仅仅因为住得近才玩到一起的"近距离朋友"。这些年来,每当有人搬家了,和我没有接触了,我都会发现自己有一些"密友",在电话里没有什么好说的了,也找不到理由发消息了。这种"友谊测试"的好处在于,能让你发现哪些友谊是真实的。例如,我最好的一位朋友住在洛杉矶,而我有些朋友就住在两英里外的波士顿,但我和前者说的话比后者都多。懂了吧。

4. 近在咫尺却不见面的朋友

归根结底,要看你出门的动力有多大——只要值得,无论路程有多远,你都会去见面。多年来,我已明白这个道理,对一些人来说,我"不值得";对我来说,有些人也"不值得"。你们知道,我喜欢宅在家里,喜欢看电视,喜欢窝在沙发里,喜欢睡觉。生活留给我做喜欢的事情的时间有限,所以要让我离开我的安乐窝,你得很值得我这么做才行。话又说回来,我也完全理解并且接受别人觉得我不值得。反正我有的是事情要做(和不做),再见吧您。

5.总是等你先发消息的朋友,你不发人家也不发

想象一下,总是我主动联系某人,问人家:"最近怎样?""一切还好吗?""工作如何?"还有"这周末打算怎么过啊?"再想象一下,那个人从来没有主动联系过我。一次又一次,这种局面会让我焦虑不安,我干吗要一直联系一个从来不联系我的人?后来我不给这些人发信息了,把球踢给他们,而这些人中的大多数根本不会联系我。因为,单方面的友谊不是真的友谊。就这么简单。反正我也不是没有主动联系我的朋友。

6.老同事

没有人上班是为了交朋友的,但是你一周内几乎每天的差不多八个小时都是跟这些人一起度过的,所以至少你会跟你的同事熟络点儿。有时候你们也会变成真正的朋友。也许你们下班后偶尔会一起喝一杯,一起吐槽

工作。也许周末你们还会跟彼此的朋友和家人外出游玩。但无论你们是熟人还是朋友,当你们中的一个换了工作,友谊就很少会继续下去了。曾经每天和你说话的那个人消失了。

对于在工作之外还能保持友谊的那1%的人,我为你们鼓掌。我会跟你讨要秘诀,但我维持现有的友谊都很艰难了,再把以前的同事拉进来简直不可能。

7.谈恋爱的朋友

我每次谈恋爱,都会确保自己跟恋人相处的时间和跟朋友的差不多。不过,并不是每个人都这样,有些人是真的很不擅长同时干几件事情。他们把全部的时间都放到另一半身上,很少去见朋友。我见过这样的人,他们分手后很难再和朋友联系起来。这样的关系不够健康。

我还有一旦谈了恋爱就完全变了一个人——那种你不想跟ta交朋友——的那种朋友。也许是因为他们的另一半总像跟屁虫似的跟你们出去玩,也许是因为他们的性格变了,但是不管你是否喜欢他们现在的样子,你们的友谊都不一样了。这一切都是因为他们有了新的人。面对这种情况，你必须问问自己：现在才是他们真实的样子吗？他们一直都这样吗？然后，你得决定是继续你们的友谊呢，还是分道扬镳。毕竟，你无法掌控他人的爱情。

8. 有趣但人品不好的朋友

我认识一个人，名叫德里克。他加入我们的时候，大家都热情欢迎，总觉得朋友越多越好嘛。德里克很有趣，脾气好，爱玩。但是一段时间后，德里克变成了个混蛋——真的，不对，是我们才发现他一直就是个混蛋。

每个人都认识一个德里克。他爱占人便宜，管闲事，摆布他人，怂恿别人干坏事。他说的话都能让你怀疑自己交友的眼光。德里克很有趣，但有趣的人和朋友还是有区别的。也许你还没有意识到你的生活中有一个德里克，但上面这些话也许可以帮助你认识到这一点。

9. 你妈认为不行的朋友

从小到大，我妈要是不喜欢我的哪个朋友，她都会告诉我。我要她给出个合理的原因时,她总会说:"我就是感觉这人不行。"我根本不懂她有什么感觉。我所有的朋友我都喜欢,而且我觉得自己看人很准。

我一直不明白她说那话是什么意思,直到最后我也开始对一些人有那种感觉了。我妈说有些人太自我、自命不凡,还有些人会给别人带来坏影响。我花了一些时间才明白这些,我妈说得没错,而且随着时间的推移,这些朋友都淡出了我的世界。这些人最终走上了我鄙弃的道路,而我妈早就预料到他们会变成这样。

这件事带给我的启发是,妈妈对你朋友的看法通常都很对。永远不要怀疑妈妈的感觉。

10.跟你约好喝一杯,约了五年都没赴约的朋友

以前你跟这个人关系很好,但后来你们搬家了,在不同的圈子里混,或者闹翻了,而你想修复关系。长话短说:你们不再搭理彼此了。现在,每次你碰到这类朋友或者有事联系他们时,总能以下面的对话结束:

你:"我们得赶快聚聚。"

他们:"是啊,都这么长时间没见面了。"

你：“你什么时候有空？”

他们：“嗯，接下来的几个周末我都很忙，要不下个月？”

你：“或许可以，我得查一下我的日程安排。”

他们：“好！我们都看看我们的安排，然后选个时间。”

你：“好！”

他们：“太好了！”

但你永远不会有后续行动，不会选见面的日子，他们也不会。然后几个月或者两年后，你发现出于某种原因你们又联系上了，然后把同样的话又说了一遍。基本上，你们就是竭力在避免见面，见是绝对不会见的。其实这也没什么。偶尔给熟人发发消息，不用操心如何计划见面，这是很正常的，只是你没必要再和这些人做朋友了。

11.过于自我、无暇顾及你的朋友

并不是说这个朋友太忙了。他们也多次邀请你去他们家，看他们养的狗狗，看看他们的小孩，还邀请你参加他们正在计划的活动。但轮到要一对一相处了，他们是从来不愿意的；你安排的活动，他们也是绝对不会来的。

当然，你们也会定期发发消息，但友谊不仅仅是偶尔发消息。你们必须为彼此的世界挤出时间，而不仅仅为彼此。失去这一类朋友是最难接受的。这不是因为你们哪里出了问题，也不是你们不喜欢彼此了。只是你们过着两种不同的普通的人生，彼此再也没有默契了。

如何打造七分的社交生活

《欲望都市》中有一集：晚上，凯莉已经躺在床上了，突然接到一个熟人的电话，邀请她去酒吧。她一下子就从床上爬起来，化上浓妆，做好头发，搭配好衣服，踩着高跟鞋出门会友人去了。

干什么呀？

为什么呀？

谁会这么干？神经病吧？是的，只有神经病才会。

当然这只是一部电视剧，尽管凯莉·布拉德肖是一个虚构人物，但我曾经真的渴望像她一样过着精彩非凡的社交生活。然而，事实却是，我的社交生活跟她的比起来,真的,非常非常平凡。

周一到周五,27岁的我会像其他人一样,朝九晚五地上班。然后,也许,要是我有点儿上进心,还会去健身。一天的工作结束后,我回到家,脱下胸罩,一边垫一口奶酪当晚餐,一边窝在沙发里看《法律与秩序》①。嗐,我完全是在扯淡,这样的场景并不经常在我的生活中上演(应该没有过吧?)。

我的周末总是有各种各样的事儿:家庭琐事、别人的庆祝活动,还有跟朋友一起做的各种没什么特别的计划,但至少若干年前,我们都觉得这些是"令人兴奋的"事情。如果我真的有哪个周末没有任何安排了,我会玩儿个失踪,逃离令人精疲力尽的生活,祈祷不要有人联系我,这样我就可以平平静静地享用我的周末了。所谓平平静静,就是不穿胸罩,坐在沙发上吃比萨,也许再去商场逛一圈。

我的社交生活真的注定这么无聊吗?自诩外向的我

---

① 译者注:该系列剧集于1990年首播,是至今仍受到亿万观众瞩目的犯罪长剧。

一向都是特别爱社交的啊。我喜欢跟人相处。我总觉得，正是有这个原因，我的社交生活才能精彩纷呈。但现实并非如此。我的社交生活很一般，平淡无奇，跟我想象中的完全相反。

如果你也看过《欲望都市》，你就会明白我在说什么了。我觉得自己就像是凯莉再也不会联系的某个已婚朋友一样，因为她们普通得不能更普通了。我当然不希望人家这么看我。毕竟，我应该是一个有趣的时髦女郎！

不管时髦不时髦，我都期望自己是个有趣、活泼的人，有新闻可以跟人分享，有好玩的故事可讲，还有朋友可以约。我希望自己看上去一直都漂亮、时尚，有没有孩子无所谓。但我的生活并没有沿着这条轨道发展，而我也并不厌恶。

因为我累了，太累了。我喜欢穿瑜伽裤还有宽松的毛衣，我真的很讨厌穿胸罩。每天都化妆？还是免了吧。我从每天早上挤出时间来化妆，变成了挤出时间来护肤。要是过上我期待的社交生活的唯一途径是每天早晨化个浓妆，我会立马认怂，我不适合这样的生活。还有一条，如果必须一直穿着胸罩，我会尖叫着逃跑。

那么,过七分的社交生活有问题吗?我琢磨着。在爱社交和不爱社交之间竭力寻求一个平衡有那么糟糕吗?毕竟,我又不是一点儿社交生活都没有。我每个月还是要出门跟朋友聚几次的。

我的问题在于,这些小聚都没有过去那么频繁、有趣了——我觉得我需要生活中存在那些趣味,证明我的社交生活还不算那么平淡。

结果证明我错了。

我有一个这样的朋友,艾米,她的社交生活就像凯莉·布拉德肖的翻版。人人都喜欢她,都想跟她玩,她居然也总能为大家腾出时间。她的日程安排也真令人叹为观止,从跟朋友小聚到奢华的旅行,她不仅有精力做这一切,而且还能腾出时间做计划。

如果我想度过一个有趣又兴奋的夜晚,我该给谁打电话?显然,就是她。

那是一个周六,我刚刚洗完澡,拿起手机走进卧室,准备开启我的浴后仪式——光着身子坐在床上,头上裹着毛巾,浏览手机信息。看了一会儿手机,我决定给她发个消息,看看她在不在附近。我觉得她向来都很忙,多半不会在，但我挺无聊的，想找点儿乐子，所以值得试一下。

出乎我意料的是，她居然就在附近，而且有空，所以我们约好了时间，一起吃晚餐，喝东西，再看看这夜色会把我们带去哪里。如果是跟其他人约，有85%的可能将是夜色会把我们送回家；但跟艾米在一起，我压根儿就想不出夜色会把我们带去哪里疯。我太想知道了，想想就激动。

激动人心的夜晚来了。我精神抖擞地从床上坐起，化妆，把头发吹干，我可太讨厌吹头发了，这也是我尽量不淋浴的主要原因。

搞定这些，就到了选衣服的时候了，这是我的另一个仪式。我倾向于把这一过程比喻成一整季的相亲真人秀《单身汉》。我会试穿很多套衣服，找出我最喜欢和最不喜欢的，同时彻底"淘汰"其他的。经过一番艰难的抉择后，我最终挑选了几套最喜欢的衣服"见家长"，就是穿着这些衣服拍照发给家人和朋友，让他们给我提些建议。然后，我会在最后的"玫瑰盛典"[①]上作出选择，

[①] 编者注：玫瑰盛典是指相亲综艺《单身汉》中男嘉宾选择心仪女嘉宾的环节。

我会再次试穿我最喜欢的两套衣服,选出其中一套,祈祷我在这么短的时间内作出正确的选择。

那天晚上,我最终还是选了我一贯以来的最爱:宽松的黑色长袖丝质上衣、紧身皮裤和黑色靴子。

我想拍一张照片,记录下自己喜欢的样子(实际上并不喜欢),结果一连拍了24张。我扫了一眼钟表,发现离约会只有20分钟了,我必须赶紧去餐厅了。真要命。我叫了一辆网约车,抓起包,跑出门赶车。

我像四级飓风一样刮进餐厅,朝餐厅尽头的卡座跑去,冲着今晚的女主角微笑。远远地,我就看到艾米坐在那儿喝着白葡萄酒,和她身旁的一个中年男子交谈。我纳闷,这人是她带来的吗,不过,最后他起身离开了。

"嘿!"我把我的包和外套扔到桌上,跳上她身边的凳子,跟她打招呼。

"嗨!"她回应道。我们拥抱了一下,欸,拥抱?为什么每次我向朋友问好和告别时,我们都会拥抱?我不讨厌这种拥抱,但我确实觉得有点儿夸张了。现在,拥抱对我来说没有任何意义了,至于原因,实在多得说不完。前几周,跟同事喝酒,我习惯性地和人家拥抱道别,其中一个人看我的表情就好像我是疯子。我突然想到，以后怎么办？上班的时候跟每个同事都拥抱一下打招呼吗？肯定不行啊。哎呀，我跑题了，还是回到我和艾米的约会之夜上来吧。

"你认识他？"我一边拿起眼前的菜单，一边问她。

"不认识，只是个在这儿坐了一会儿的人。"瞧，每个人，不管什么人，都喜欢艾米。我呢，拥抱一下别人都能把人吓着。

吃着开胃菜，喝着酒，艾米和我聊起了彼此的生活。她给我讲了自己最近去过的所有很棒的约会，我跟她说起那个夏天我要去参加的不多也不少的婚礼；她说她那即将启程的欧洲之旅一定会给她留下深刻的印象，我说我这个让人没有记忆点的人什么时候在外面散步时绊了一跤；她告诉我她刚刚在工作中得到了破格晋升，我则回避讨论我那平凡的工作话题，因为没什么意思。

"那，接下来你想干吗？"我问她，希望她已经想好要去某个我听都没听说的最完美的酒吧，因为那太酷了。

"我也不知道。你说呢？"

"你才是那个总在外面玩的人，"我笑道，"我又不是，我都不知道什么好玩。"

"我只是去餐厅，就跟这里差不多。我好久没出去了，你出去的次数比我多。"

"哦。"我惊讶地发现艾米并没过着我以为的凯莉·布拉德肖的那种精彩生活。

我们讨论着接下来去哪里，谁也拿不定主意。就在放弃之前，我们决定问问我的两个弟弟，他俩都还没睡呢。你猜怎么着？他俩和他们的朋友都在夜店，离我们只有四百米！我把消息给艾米看，我们相视一笑，耸耸肩，决定就去那儿了。

在此，我得花点儿时间感谢酒精让这一切变成可能。好了，我们继续往下说。

买完单，我们穿上外套，朝夜店走去。刚出来一分钟，我就慌了。我干吗同意去夜店？我累得很，吃得又很饱，而且也不想排队。所有夜店都要排队，难道拥有精彩社交生活的秘诀就是排队吗？要是这样，我真得评估一下我对这种生活的向往程度了。

我们终于到了夜店，街边已经排起了长队。

"我们排队等几分钟吧，"艾米看到我脸上的畏惧，

"来都来了,应该挺好玩的。"她说着,朝一群路过的穿着露脐装的女孩点了点头。

"好吧。"我同意了,即便我还穿着薄外套,对这样的天气也毫无防备。我真搞不懂那些女孩怎么还能把肚子给亮出来。我简直要冻僵了,除了脸和手,身上所有部位都捂得严严实实的。

幸好,队伍动得很快。我们付了20美元的入场费,左手被盖上笑脸印章后就入场了。我们沿着走廊走进那个带着巨大舞池的房间,一路上,音乐越来越响,低音越来越重。我的头都疼了。

"这看起来太疯狂了。"我对艾米说。

"什么?"音乐太吵了,她大声喊道。

"没事。"我说。

"什么?"她又大喊。

我突然想起来为什么我不再喜欢这种生活方式了。

我的两个弟弟和他们的朋友看到我们,跑了过来。我们刚打了个招呼,突然"砰"的一声,天花板上掉下好多五彩纸屑,人群发出尖叫。我一边想努力看清楚闪烁的灯光下我身边这些顾客的样子,一边思考自己干吗来这种乱糟糟的地方。

"我要去喝一杯,"艾米大声说,"你想来一杯吗?"

我下意识想说好的,但觉得头要晕了:"不用了。"

"好吧。"她耸耸肩,走开了。她那十足充沛的精力让她轻轻松松就跟年轻人打成一片。

我跟我弟弟和他的朋友们站在一起,累得不行,头痛得不得了。现在我只想回家,钻进被窝里睡觉。

我站在那儿,尴尬地随着音乐摇摆着身体,没有说话,因为音乐实在太吵了。一位男士走上来邀请我跳舞。我摇摇头,绕到了舞池的另一边。我的弟弟们看到这一幕后两人对视了一眼,醉醺醺地对着那个邀请我跳舞的人大喊大叫起来。

我看着他们对这个人嚷嚷,很想走。可艾米还没回来。她可能在吧台遇到了什么人。我俩就剩下我自己了,我不想待在这里,四周都是比我小四五六七岁的年轻人,我只能看着一群成年人对着彼此大喊大叫。我决定走了。我掏出手机叫了一辆网约车,然后去吧台找艾米。我猜得没错,她在吧台跟人谈笑风生呢。我没有打断她,走出酒吧外等车时,给她发了个消息告诉她我走了。

"逊毙了。"她回复。

我钻进网约车后座,没想到遇到一个废话很多的司机。我不停地看着手机,尽量避免跟他说话,但这一招没用。到家时,我已经知道了这个男人四个孩子的名字和出生日期,还知道了他老婆是在哪里长大的,做什么营生,还有他高中毕业舞会的主题是什么。网约车司机要么就是这样说个不停的,要么就是一声不吭的,真的没遇到过有中间状态的。

"这很好啊,"在公寓外面下车时,我对这位新朋友回应道,"祝你一切顺利!"然后关上了车门。

他驾车离去。我在包里摸索着找钥匙,可怎么也找不到。我慌了。

我打电话给当时还是我男朋友的丹,但愿他还醒着,能让我进门。可是没人接电话。我又拨了一次电话,两次,三次,四次,还是没人接听。

我走到公寓楼门口,想按密码进门,密码锁是跟丹的手机连通的,打电话还是没有人接听。我试着撬锁开门,但开什么玩笑?我根本不知道该怎么操作。

我只想走进面前的这道门,这样我就可以走上楼梯,走到我的门口，进门，去洗手间，脱下胸罩，上床睡觉。只需要丹接听这个该死的电话，我就可以进门了。他不可能睡得这么沉吧，电话轰炸都叫不醒他？不可能的，对吧？

我继续给丹打电话。事实上，我一口气给他打了36个电话，听到的全都是转到语音信箱时他那可恶的留言，我现在都能背下来了。我哭了起来。

当时是凌晨两点，我的膀胱憋得越来越难受，实在忍不住了。我决定躲进车里。别人总是问我，干吗把车钥匙和公寓钥匙分开放。我以前还不知道该怎么回答，现在我可以跟他们说了，这是为了万一我把自己锁在屋外，还有一个地方能临时待着。

我坐上前排座椅，锁上车门，往后放下座椅靠背，这样我就可以躺下，确保没有人会看到我（不是说我公寓后面的停车场里有人，但你永远不知道谁会突然冒出来，我可不想冒险）。然后，我继续给丹打电话。可每次都没有人接。我晃着腿，拼命地忍着尿意。

这时我觉得好冷。要知道，我只穿了一件该死的薄外套。我发动汽车，打开空调。可坐在车里，我又开始想这样安全不安全。我累极了,只想打个盹儿,等丹终于接了电话我就可以进去了。但会不会一氧化碳中毒?我把车窗打开了一点儿,想透点儿风,然后开始用手机搜索"在没熄火的汽车里睡觉会死人吗?"

搜完,差不多凌晨三点了,我收到了弟弟的一条消息:"你在哪儿,快过来。"

我回复:"我被锁在外面了,现在待在车里。丹没接电话,我回不了家,现在只想进家门。"

接着,艾米也打电话过来。我接通了。"嗨。"我抽着鼻子说,试图掩盖自己正坐在车里哭的事实,同时努力别让自己死掉,也别尿裤子。

"你干吗呢?下车,叫辆车,到你弟弟家来。"艾米说。

"不,不用,我很好。丹很快就会接电话的。"

"不,他不会的。"她说,她那边听上去好像周围有一大群人。

"等等,你怎么会在我弟弟家里?"我问。

"我也不知道。"她说。

"还有人在弹吉他?"我问。

"对啊,好多人在呢。快来吧。"

但我不想去那儿。实际上,我哪儿也不想去,除了我这该死的公寓。我说了再见,挂断电话,像个坐车去迪士尼乐园的小孩那样跺着脚,小孩是兴奋的,我是憋得难受。我甚至想过,要不要直接就尿在裤子里,但我不能那样做,会弄脏座椅,我可不能尿在座椅上。但是我的膀胱越来越难受了。我必须尿出来。我必须想个法子。

我又给丹打了一轮电话,他还是没接。

"该死的丹!"我大喊道。我为自己不负责任的行为抱怨他,明明是我自己出门不带钥匙,还喝酒喝到每三分钟就得尿一次的地步。

幸好,我想出了一个办法。我可以去后备箱,可我不想下车,因为我还是怕被人看到。于是我翻过座椅,滚进后备箱,一眼看到我正在找的东西:一个可降解的超市购物袋和一条沙滩巾——我的救命稻草啊。

就在那个后备箱里,我脱下皮裤,朝袋子里小便,然后用沙滩巾擦了擦,穿上裤子,回到驾驶座。

一回到座位,我又开始给丹打电话。可每次他都不接,我哭得越来越凶了。已经凌晨四点左右了,我都不知道自己还能撑多久不睡觉。我好想睡上一会儿,但我好害怕有人看到我睡在车里,会闯进来杀了我。所以,一犯困的时候我就给丹打电话。

最后,大约早上五点半,都快要看到日出了,我接到了一个电话。是丹打来的。

"你好啊。"我对着电话说。我满腔怒火,精神却也放松了下来。然而,我只花了三秒钟庆祝丹没有死在我们的公寓里,而是彻头彻尾睡死在我的"狂轰滥炸"里,后来又只剩下愤怒了。

面对我发给他的百来条怒火中烧的消息,其中大部分都还是加了一堆感叹号的,"为什么不接我电话!!!!!为什么要这样对我!!!!!"他说:"对不起,我现在就出来。"

我一句话也没说。我只是挂断电话,等他快来。

他走到车跟前,打开车门,嗅了嗅,问我有没有闻到什么奇怪的味道。

"闻到了。我尿在超市环保袋里了。"我下车时说。

他一脸好笑地看着我。

我们打开后备箱,拿出购物袋和沙滩巾,在回家的路上把它们丢进了垃圾箱。

一回到家,我立刻脱下胸罩。当然,还去了洗手间。等我钻进被窝的时候,丹问:"至少,昨晚还是很好玩的吧?"

"有什么好玩的?"我警告他二十四小时内不准跟我说话,然后就睡过去了。

那天晚上让我明白了"好玩"这个词对每个人的含义都是不同的。那不是可以强求的,它不是一个东西,而是一种感觉,对每个人来说都不一样。甚至,对你来说,不同日子里的感觉都不一样。我试图强迫自己感受"好玩",因为我过去常常在外面体验好玩的夜生活,可现在我体验到了没意思的夜生活。我没有意识到的是,没意思对我来说就是好玩的。

我的社交生活一直都够好了,不必那么精彩。我不需要像凯莉·布拉德肖或者艾米一样,在自己的日历上密密麻麻地排满聚会和活动。我已经很好了。

现在,我想分享一些我学到的最重要的东西。你也可以跟我一样,拥抱你七分的社交生活。

社交生活是否精彩，每个人都有自己的看法，你的精彩你说了算。

说到底，社交生活就像穿比基尼一样。你穿上比基尼，你就有比基尼性感身材。只要你活着，你就有社交，你就有社交生活。你不需要去夜店、酒吧甚至餐厅，就能有社交生活。你甚至都不必举办或者参加聚会。毕竟，社交生活没有固定的模式。你可以随心所欲地过你的社交生活，也可以随心所欲地定义精彩。而且，对于那些想要的东西，还有喜欢的东西，也可以随时就不想要，不喜欢了。

可当我意识到这一点时已经太晚了，结果导致我尿在了汽车后备箱里的一个超市购物袋里。我没想到的是，这并不意味着我就不好玩了，也不意味着我的社交生活平淡乏味。而是我的想法改变了，是因为我对好玩和精彩的理解变了。多年前，我对"精彩"下了一个定义，但我从没想过我可以改变这个定义，其实我是可以的，而且已经做到了。现在，我定义的"精彩"是把自己放在中不溜地带，既可以一个人在沙发上发呆，也可以跟朋友聚会。

拥有精彩的社交生活可能是一种负担。

《欲望都市》和《老友记》等电视剧中的成年人总是有时间和精力出去玩,这些社交生活不切实际,也有点儿可怕。

说它不切实际,是因为在现实生活中,你的朋友可能不会住在离你这么近的地方。在现实生活中,他忙他的,你忙你的,很难定下一个日子相聚,更不用说让一大群人聚在一起了。想象一下,强迫自己每天都这样聚会,甚至每周几次。要是我,压力会非常大,我可能会疯掉。

你不是机器人(不是对吧?),所以你也会累。我的意思是,我其实根本没有精力像凯莉在《欲望都市》中那样,在工作日的晚上都已经上床了还去酒吧,不过也许这只是我个人的想法。

在七分社交生活中,你可以两全其美。

你就是个普通人,有时候会想做些什么,有时候不想。所以,当你接受了七分的社交生活,你就既可以享受在沙发上的夜晚,又可以享受与朋友外出的夜晚。

你不会迁怒于你的沙发，责怪沙发垫让你无法过上精彩的社交生活；你也不会因为你的朋友不够兴奋或不想一直表现得很出挑而讨厌他们。无论晚上是平平淡淡地宅在家里，还是在外通宵达旦地快活，你都会很开心。这不就是生活的真谛吗？开心吗，找到了让你开心的中不溜地带？伙计们，抓住它，别让快乐溜走！

只要做的是你喜欢的事情，你的社交生活就不赖。

你的社交生活，甚至你的整个生活，都不应该被定义，除非你想让它被束缚住，而且没有人可以因此对你指手画脚。如果你需要被锁在家门外过夜，还得在车里小便，才能觉醒这一点，那也没关系，只管去做。接纳真实的自己所带来的解脱感，就和憋尿三个小时后终于得以释放了一样，那感觉好极了，我保证。

给社交"差生"的爽约指南

因为你不想去。他们也不想。

好吧，这很尴尬。一个半月前，你计划在周二下班

Chapter 2 / 给普通的社交生活点个赞

后跟一位你在蔬果店遇到的老朋友喝酒。你们都表示见到对方是么高兴，定下了下一次见面的具体时间，要正经聚一聚。你把计划写在手机的日历里，说了再见，然后就愉快地去挑香蕉了，而且把店里所有的香蕉都仔细打量了一番（别告诉我，我是唯一一个在买香蕉前花上三十五分钟时间仔细检查每一寸香蕉的人，每次我在蔬果店，三分之二的时间都在干这个）。

距离见面的日子只有几天了，你开始慌了。你干吗要定这些计划，你脑子进水了？老天，那是周二啊。要是打算翘掉周二的健身课，你真的宁愿就和平时一样，整个晚上不穿胸罩，窝在沙发里看电视算了。而且这还不是跟一个新朋友约会，只是跟一个熟人见面。你该怎么脱身呢？也许你该得胃病，或者肺炎，或者一些急性感染。你咳嗽了。唉，声音还不够沙哑。你打开家里所有的窗户，脱得只剩下内衣。现在是一月中旬，外面零下几度。现在，你至少有机会生病，不得不取消约会了。

好吧，我只是在扯淡，你不必过度发挥。你不会对吧？

好了，周二了。你被窗外的倾盆大雨吵醒了。天色很暗，你连起床去上班都提不起劲儿，更别说下班后干点儿啥了。但是,真是要命了,没错,下班后你必须赴约。你能想出一些主意,但你的社交能力还不够出众,无法让你轻松脱身。

你手机上的天气预报说,这天一整天的天气都很糟糕,就像你找不到脱身的法子一样糟糕。你可以给对方发消息说你醒来就觉得身体不舒服,需要取消约会;你可以说你的孩子或者狗狗或者你的伴侣或者你家里出了事,得取消计划;你可以说你对雨水过敏,只能另外改期。但不——你不想改期!你想取消!而且,你也不对雨水过敏,不过那不重要。

最后,你一整天都无心工作,因为一整天都在焦虑该怎么办。你不想撒谎又被人戳穿。你不想被贴上"不守信用"的标签。你不想让人说你是一个爱放鸽子的讨厌鬼,要是再也没人约你了怎么办?但要怎么样才能取消这次约会呢?

然后,下午四点左右,你收到了一条消息。

"嗨!真不好意思,临时有事,我今晚来不了了。很抱歉现在才通知你!"

开啥玩笑?

看到这个敷衍的爽约信息（理由呢？在哪儿？在哪儿？），你愤怒了一分钟，然后突然欢喜雀跃，乐得要蹦上天，想飞到月亮上逛一圈再回来。

现在，你可以下班后就回家了，还可以脱掉你的胸罩了！

或者，你可以去健身，但你是不会去的！

老天，也许你今晚还想开一瓶酒来庆祝庆祝。

你平淡的计划就这么平淡地被取消掉了。

感谢老天！

搞定。

• ★ ★ ★ •

现在，咱们来聊聊吧。

为什么从一开始你就那么害怕取消这些计划呢？很显然那个人也想取消。即便他们真的对这些计划很感兴趣，也是真的临时有事情，但他们并没有对你们的约定报以足够尊重，他们没告诉你到底为什么来不了，他们甚至没有重新约个时间。

说白了,你俩在这一点上是一致的,你俩都不想去赴约。

为了避免以后再发生这种情况,你不想跟谁玩,就不要跟谁约时间。并不是说不能爽约。哎呀,我自己就总是爽约。我对我最好的朋友,还有我丈夫都爽约过。我甚至放过自己的鸽子。比如今天,我本该在下午五点半去上芭蕾健身课,但我在最后一刻慌慌忙忙地把课取消了,省下了15美元的延迟取消费。你看,我多气人。即使要交15美元的取消费,我也百分之百会交钱取消,因为我是一个普通人,有时候我就是不想做某些事情,行吗?

但我应该解释清楚。就算我真的很不想去,我也并不总是爽约。比如,如果我计划去参加某人的婚礼,我不会因为不想和其他人一起去参加婚礼而在最后一刻爽约。算了,我还是去吧,因为我已经说了要去。我还没那么混蛋,而且,婚礼上的自助酒吧也算是一份回报吧。

这就是为什么我创建了一份在最后一刻爽约的指南,这样我们所有普通人就可以避免因不得不做自己答应过要做,但其实后来不想做的事情而带来的焦虑了。爽约愉快!

如何在最后一刻爽约又不得罪人

分级提示

1——关乎道德评价的计划,意味着它们的优先级高于平均水平(即重要)。当你答应要去的时候,别人的钱就已经花出去了。要爽这样的约,必须有绝佳理由。

2——这些计划仅次于上一层的关乎德道的计划,重要性略低一点儿,意味着这些计划跟你一样,普普通通。这些可能值得你逼着自己出门赴约,也可能不值得。要爽这样的约,最好找个好借口。

3——大体来看,这些计划真的不算什么,但如果你在乎你们的友谊,也许就不想爽约了。为了维护友谊,你得找个好借口。

4——爽这样的约不需要理由。如果你到头来还是不想去,那就别去。没有人会生你的气。不想去就直说。

计划	重要级别	原因	可接受的借口
婚礼	1	你不该答应出席又不露面。人家是出了钱的。要尊重对方	亲戚去世；腹泻不止；急诊手术；得了传染病
其他重大事件（满月酒、毕业典礼、单身派对、小孩的汇报演出、同学聚会）	2	如果涉及人数统计，你既然答应了，就应该去。这些事花在你身上的钱也许没有婚礼花的多，但还是应该出席以表尊重	家里有急事；严重胃痛；要做手术；保姆有事不在家，你必须带孩子；车坏了；得了传染病
小孩生日	2	这是孩子的生日会！什么样的人会答应了又不去？	任何会传染他人的疾病；家中有急事；闹肚子；车坏了
约会	2	如果这是第一次或者前几次的约会，你得做好准备，也许再也没有下次了。得有这个风险意识	得了流感；闹肚子；家里有急事；工作忙无法脱身

(续表)

计划	重要级别	原因	可接受的借口
公司团建	2	你该一直尽量参加团建活动,融入集体,但你没法每次都参加	闹肚子;任何会传染他人的疾病(如果你打算翘班也可以用);家里有急事;孩子或者狗狗病了
生日聚会	3	生日每年都过,所以没那么重要,但如果你是发起人之一,最好还是忍一忍,去吧	闹肚子;会传染他人的疾病;保姆有事不在家,你必须带孩子;孩子生病,工作忙无法脱身
聚餐	3	如果东道主在购买食材和制订菜单时都考虑到你要出席,别犯浑,该去还得去	闹肚子;会传染他人的疾病;保姆有事不在家,你必须带孩子;孩子生病,工作忙无法脱身
朋友办的聚会	3	聚会本身没那么重要,但要是你的朋友希望你在场,至少你还是要去露个脸	闹肚子;会传染他人的疾病;保姆有事不在家,你必须带孩子;孩子生病

(续表)

计划	重要级别	原因	可接受的借口
跟某人的单独约会	3	要是你放了ta的鸽子,那么ta从早到晚的计划就全都泡汤了,因为计划里只有你一个人。记住这一点	闹肚子;任何会传染他人的疾病;家里有事;孩子生病
熟人办的大型聚会	4	去不去都行	不需要借口,也不用再约了,他们不会在意的,他们都不怎么认识你
晚上跟朋友的约会	4	去不去都行	不需要借口,就说你不想去。别装作你睡着了没看到消息,就直说你改变主意了,他们会接受的
跟熟人的小聚(如下午茶)	4	你去不去都无所谓。但一旦爽约了,你可能就不会再和这个人一起玩了,所以要谨慎些	也许可以告诉他们,你身体不舒服。这样他们就不会认为你是个混蛋。你也不知道,会不会有一天想再跟他们一起玩

大奖

Chapter 3

除了你自己,没人在意你的身材

关于健康而且快乐的普通生活,我想说……

当你为自己的普通身材感到无地自容

"你什么时候……?"收银台的女人在告诉我东西多少钱后急切地问了这个问题。

我莫名其妙地看了她一眼,又低头看了看我手上捧着的六盒比萨。我腾出一只手伸到口袋里掏钱,祈祷这些盒子别滑到地上。

口袋里面是乱七八糟的一堆信用卡、礼品卡、旧的收银小票,我一边在里面摸索着老爸给我买比萨的钞票,一边琢磨着她问我什么时候是指什么。是在问我拿着这堆比萨什么时候能到家,能让家人不挨饿,还是问我什么时候回学校?

"抱歉,太乱了。"我说着,把钱凑齐后递给她。

然后,我收回手托着比萨盒。就在这时,我注意到自己一直用肚子顶着比萨盒,最底下那个盒子正托在我的肚腩上。看上去就像——怀孕了。

收银员还在对我微笑,等着我回答她最开始的那个问题。

"哦,我没有……"我咕哝着,"没有……"

我说不出口那个词。

她把零钱找给我,还在对我微笑,只是现在脸上多了一丝疑惑的神情。我立即转身,飞快地跑向出口。我都没好意思抬头看看周围都有谁,看看谁有可能听到了我们的对话,看看现在谁也许会觉得我怀孕了。

那时,我才18岁,回家过寒假。大一上学期,我肯定是长了些重量(食堂每个晚上都有炸薯条,饶了我吧),但我肯定没有怀孕。毕竟那时我还是处女。我只是穿了一件不太修饰身材的衬衫,我猜这衣服肯定是显小肚子了。要是我们都真诚点儿，就会承认有小肚子是再正常不过的事了，人人都是这样的。好了，言归正传。

我从来都不苗条。不像我妈，十几岁就穿露脐装了（有照片为证），我很幸运地继承了我爸家族的基因，也就是说，打从娘胎里出来的那一刻起，我就代谢缓慢，而且对炸薯条、鸡块、健怡可乐、贝果、比萨、芝士蛋糕等数不完的美食来者不拒。从小到大，我会在晚餐时挑蔬菜吃，让我妈相信我吃得很健康，然后偷偷带几包薯片到房间，把罪证藏在床底下（我以为她绝对找发现不了这些袋子，实际上她都能看到）。

我也从来没胖到过不健康的程度。当然，每年体检，医生都会说根据体重指数来看我是"超重"的，有时候甚至是"肥胖"，但我很小的时候就很清楚，这个标准纯属扯淡。我身高接近一米六，有肌肉，可以穿上服装店里尺码偏小的衣服，如果我都算胖的话，那些比我胖的人他们会怎么说？

我从不觉得我会喜欢自己普通的身材，原因有很多，上面的只是其中一条。

我的舞蹈课伴我度过了大部分青春时光。这意味着每周有好几个小时我都要穿着紧身衣裤在一个装满镜子的房间里跳来跳去，周围的同学都瘦得看得见骨头。跟其他女孩儿比，我的体重绝对不算"普通"水平了。每当我盯着镜子里站在她们身边的自己，都会为自己的肚子和大腿感到难为情。

我家卧室里有一面全身镜，所以舞蹈课结束后，我的这种难为情还会继续。我会脱光衣服站在镜子前，侧过身，把肚子收进去，看看自己没了小肚子是什么样的。

我读杂志，看电视。可这些媒体很少关注没有马甲线的女人，如果有，通常都是加大号身材的女人。以上两种人我都不是，所以像我这样的身材普通的人该被放在哪里？

十几岁的时候，我穿10码、12码、大码和超大码的衣服。其实，这些衣服的尺码都不算大，只是普通大小。但是不知道为什么，总有两个尺码就是被标为"大"码和"超大"码。就像体重指数表，我们的服装尺码也是乱七八糟的。这么说吧，一件标着"超大"码的衣服尺码居然排在大码之前，这也太离谱了。这就像要逼着人家扭曲对自己身材的认知一样（至少在我身上就是如此）。

Chapter 3 / 除了你自己，没人在意你的身材

在高中和大学里，我都是啦啦队队员。如果你没做过啦啦队队员，我知道你在想什么。你脑子里在勾勒一幅典型的美国啦啦队队员的形象——金发碧眼，身材苗条，长相漂亮——这都是社会教给你的。以上特征我一个都没有，但我的啦啦操跳得相当棒。我的动作干净利落，大腿有力，能玩转各种花样。可肉嘟嘟的肚子让我很难为情。

大一上学期，我胖了近14斤。回家那天，比萨店的收银员居然问我的预产期是什么时候！

那天，我捧着比萨回到家，把比萨扔到料理台上，就跑回卧室，关上门，直奔到我的穿衣镜前。我侧身照着镜子，看到了——至少，我觉得是——一个怀孕四五个月的女人的肚子。然后，我脱掉衣服，又看了看自己的身体。我讨厌我的身体。我讨厌我的身材如此普通。我讨厌我的肚子。我讨厌我的大腿。

我走进卫生间，站到体重秤上。183斤。而仅仅就在两年前，我比现在轻27斤。

再看看镜子里的自己，眼泪开始在眼眶里打转。是

的,我再也不想要这个普普通通的身材了。我想要好身材。不知道为什么,我觉得改变身材就会改变我的人生;就会有男人突然被我吸引;就会吸引更多的人做我的朋友;就会让我在其他方面都比一般人强。我说得对吗?一点儿也不对!但我是否因为这个有问题的想法而有了改变的动力了呢?当然。

我的减肥计划:首先是用八成功力戒掉炸薯条和比萨,花两成力气来计算热量和锻炼身体。真希望我能说这是一个笑话,但它不是。我付出了很大的努力来戒掉炸薯条和比萨。

尽管计划奏效,我每周减掉了大约一两斤,可几个月后,我就没耐心了。这导致我的热量消耗计划失败,转向节食。

过度信奉"忍忍就不饿了"的座右铭,不管什么时候饿了想吃点儿零食,我都会强迫自己等到吃饭的时间再说。外出社交时,我会控制自己只喝少量的饮料,吃少量的垃圾食品。记得那年夏天的一个晚上,我参加了一次团建活动,比萨是晚餐唯一的选择。我饿极了,只能吃了,但是我最多吃一块。多饿都不要紧,我可不能在追求好身材的路上搞砸。

那年夏天结束的时候,我一共减掉了近14斤,回到了152斤,衣服穿8码到12码之间的,这取决于在哪家店买衣服。我知道自己看起来瘦一点儿了,也知道自己还是不算很轻。也正是因为这样,我再也不能接受我的减肥进度了。

大二秋季学期开学的前几天,一些高中女同学邀请我去芝士蛋糕坊吃晚饭。我犹豫着去还是不去。下次要等寒假才会回家了,想着还是在这之前再见她们一面,但彼时我靠节食已经取得了很好的减肥成绩,虽然依然前路漫漫(至少我是这么认为的)。

上次去芝士蛋糕坊时我还在餐前狂吃热面包(有黑面包和法棍),接着又点了一个芝士汉堡和一些薯条。我知道我可以只点一份沙拉的,而且,可以不吃免费的面包,但我有那么强的意志力忍住不吃吗?

而这时,我已经完全意识到自己有点儿沉迷于节食了。三句话不离热量摄入,锻炼计划在我的生活中被排到了任何人任何事前面。现在,我将有四个月的时间都见不到朋友,却只是因为害怕免费的面包就要考虑不去跟她们道别吗？我怎么了？我得去吃这顿饭。自从被问到"你什么时候……？"这六个月以来，我一直都做得很好。一个晚上能有什么影响？

我走进餐厅，坐到其他女孩旁边。我们回顾暑假的点点滴滴，展望即将来临的新学期。而我这时还忍不住在想怎么样才能不吃面包。服务生刚把面包篮放在桌上，其他女孩就各自拿了一块。我坐在那儿，盯着面包，流着口水，一遍遍地提醒自己，不能吃。可是，干吗不吃呢？一块面包就会搞砸我的整个节食计划吗？于是我吃了一块，结果又吃了一块，后来又吃了一块……最后我点了一份炸薯条配我的沙拉。

饭后，我回到家，直奔卫生间。我觉得不自律的自己太恶心了。我脱下衣服，站到体重秤上，想看看后果有多惨重。显然，从早上到现在，我的体重涨了近1斤。我犹豫着，要不要把整顿晚饭都吐出来。可我以前还从没催吐过。我不知道该怎么催吐，也不知道我做不做得到。

我看了看马桶，看了看体重秤，又照了照镜子。我必须这么做。我必须催吐。我跪在马桶前，把两根手指伸进喉咙里，一直等到面包、炸薯条和沙拉的残渣涌上来，落进马桶里。吐了四次后，我的鼻子痛得要命，眼睛也止不住地流泪，从没这么难受过。我冲了马桶，站起身，走回体重秤前。我掉了有两斤，就好像我没出去吃过饭一样。这一招奏效了。

我对自己发誓，再也不这样了，下不为例。我没有进食障碍，我状态很好。直到现在，我在减肥这件事儿上还都能保持健康的方式。回到学校，我要继续节食，直到减到满意的体重，直到我看上去比普通人身材更好为止。我好得很。

回到学校后，看到我的每一个人都夸我瘦了。

"哦，谢谢，但我知道自己其实还不够瘦。你就等着瞧吧！"我还没法接受任何赞美，至少现在还不行，至少在我的身材依然很普通的时候还不行。

可是，每减掉一斤，我就觉得自己变得越来越普通。我只是更加湮没在人群中，并没有鹤立鸡群。我算不上那种在聚会上可以吸引很多男生的女孩，那不是我，而是我拥有好身材的朋友们。不过，至少我可以说服自己是这样的。我觉得自己要有一个好身材，才能成为很棒的人，但无论我看起来怎么样，我似乎总能在镜子里发现一个新的缺点，让我挪不开眼："拜拜肉"、肉肉脸，背也厚厚的。我总是跟自己过不去。

在学校里，减肥绝非易事。食堂里很难找到健康的食物，而且我的朋友们总想出去吃。大学期间，我的字典里就没有"宅"这个字。因为我有严重的错失恐惧症，生怕错过好东西，所以如果朋友们出去，我也要跟去，这就意味着我会喝酒。哪里有我和酒，哪里就有比萨。

开学有几周了，我出去玩了一晚，回来称了称体重，发现返校以来我每天的体重没有什么变化。尽管我竭尽全力减肥了，可那些又喝酒又吃比萨的不健康之夜能够一下子就把健康生活的成果抵消。我进入了一个平台期，不知道该怎么办了。

我可不想再也不能出去玩，我最喜欢社交了。我也不想再吃少点儿。有些人可以每天吃很少的东西，但我不行，每天把摄入的热量保持在推荐热量以下已经够难的了。看着食堂里那些不怎么吃饭的小个子女生，我就纳闷了，她们是怎么做到不用随身携带一点儿零食以防万一，又是怎么做到晚上睡觉前不狂吃一通薯片的？不普通就得这样吗？绝不能向饥饿妥协吗？

我能想到的唯一能帮我重新变轻的法子，就是在吃了不健康的食物后催吐。不是所有的食物，只是那种不健康的，比如几片沾了酒味儿的比萨，餐厅里的一大碗意大利面，深夜的炸薯条，还有酒，不管是什么酒。我盘算了一下，既然我永远都无法真正改变我普普通通的饮食习惯，那这就是唯一能改变我普普通通身材的法子了。当然，我觉得这不能被视作进食障碍，因为我只是"偶尔"给自己催吐，我最"不寻常"的就是多年来一直笃信这一点。

在那几年里，我健身，吃健康的食物，把所有塞进肚子里的不健康食物都吐出来。我的体重一直在131到150斤之间波动，但不管体重是多少，我仍旧只能看到自己的缺点。我从来不会在照镜子的时候表扬自己腰变细了，手臂变结实了，我只会站在镜子前挑缺点。我的肚子看起来是不是太大了？还有赘肉吗？背上的肥肉呢？还有我的大腿，是不是太粗了？有没有什么办法让我的大腿看上去没有那么粗？我的脸也比一般人的大。天哪，是不是还有双下巴？！

我开始怀疑，是不是得吐得更频繁一些。但是不行。

在我看来,那样会让我得暴食症的。看,我现在一年只催吐几次,而且,我也不觉得自己瘦得就像得了进食障碍似的。我的身材还是很一般。我还是得穿8码或10码的衣服,买中码和大码。所以,我的生活照旧,直到有一天发生了改变。

你也许想知道改变是怎么发生的,我是怎么意识到自己就是一个彻头彻尾的蠢货,转而接受自己普普通通的身材的?好吧,答案很简单,就是自信。

这就告诉大家,我是怎么找到自信的。

在健身房雷打不动地跑步、举重,就这么过了七年,我的背受伤了,只能中断运动。因此,我的体重又涨了上去,也正是因为这个,我开始更频繁地给自己催吐。我感觉糟透了,可就是没法摆脱这个恶性循环。

就在那时,有个朋友一直竭力说服我跟她一起去新开的芭蕾健身工作室。她说那个运动对我的脖子和背非常有好处,因为冲击力很小。我迫切地渴望有所改变,能够重新开始健身而又不受伤,于是就试了一下这个课。

一开始,那简直就是折磨。一分半钟的平板支撑?!做完大腿会完全不受控制地抖动,这还正常?!

还有一项需要保持一个很别扭的姿势，再慢慢地移动你的腿和臀部，痛得简直要喊救护车了！喊救护车是开玩笑的……不过我真的想过。真的好难，但结果是显著的。只上了几节课，我发誓我真的能感觉到我肚子的脂肪下正慢慢形成腹肌。我做仰卧起坐很多年了，以前从未有过这种感觉。这门课简直可以称得上扭转乾坤了。

说它扭转乾坤，并不仅仅是因为我有了腹肌，而是因为它完全改变了我对自己身材的认识。平生第一次，我觉得自己的身材挺好的。

多年来，我一直在追逐皮包骨的瘦，而不是强健的体型。我厌恶自己总是普普通通的样子，希望自己的身材很棒，对于我来说，身材棒就等于瘦。但我错了，错得离谱。

在我减肥的那么多年里，我从来没有像刚上芭蕾健身课时那样对自己的身体感受那么好过。我觉得我的身体在变化，而且这些变化让我上瘾。我不再对着镜子找瑕疵了，而是找肌肉。我不再纠结摄入多少热量和吃什么了，我开始偶尔放纵自己。我上的课越多，就越不在乎体重；越不在乎体重，我的感觉就越好。

终于，也许是有史以来第一次，我爱上自己普普通通的身材了。我很强壮，很健康。最棒的是，催吐从我的生活里滚蛋了，从那以后我再也没有吐过了。我意识到我不需要通过催吐来减肥——而且，更重要的是，我根本就不需要减肥。我的身材是很普通，但我的身材就是很棒。

······················ ★ ★ ★ ······················

几周前，我做了一次足疗。女足疗师一边给我擦脚，一边指着我的肚子问："怀孕了？"

我吃了一惊，低头看看她，再看看我的肚子，笑起来："没有，没有，没怀孕。"

她不好意思地接着给我擦脚，我接着玩手机。我很疑惑这女人怎么会觉得我怀孕了呢。可能因为棉布裙贴着我的肚子，所以肚子上的脂肪就有点儿打眼。跟我紧实的胳膊、肩膀和腿比起来，我肚子上的赘肉也许真的有点儿不协调。我现在看起来就是个肚子凸凸的，穿着棉布裙，身高还不到一米六的小个子。

Chapter 3 / 除了你自己，没人在意你的身材

回家后，我看着丈夫丹，问他："你觉得我看起来像怀孕了吗？"我侧身，抬起胳膊。

"没有啊，"他说，"怎么了？"

我把裙子提了提，又问他："那现在呢？我的肚子看起来像装了个小孩吗？"

"没有啊。"他还是这么说。

但我还是没放弃，把裙子往后拉，紧贴到肚子上，又问他："现在呢？"

"你在给我挖坑吗，"他回答，"你没有怀孕吧？"

"哈哈！所以我看起来像怀孕了。"

"你不像怀孕了，看上去身材很好。能不能别折腾啦？"

我不再问他了，但我跟自己还没完。我走到穿衣镜前审视自己，也许我需要上更多的芭蕾健身课？也许我需要重新开启减肥计划，不要半途而废？也许我需要戒酒？对，没错。或者，也许我真的怀孕了？但说真的，如果怀孕了我绝不可能只长肚子啊。怀孕了全身都会长胖。

我开始慌了。

但马上就冷静下来了。

12年前,比萨店的收银员问我什么时候生产时,我还不是现在的我。当时我很难为情,不知道该如何爱自己。陌生人的一句话能让我难过很多年,但现在我不会这样了。我不必为此难过,我是一个聪明自信的姑娘,曲线优美,肌肉强健,大腿结实,我喜欢自己普普通通的身材。我干吗要改变它呢?

如果你还在为自己普通的身材而苦恼,让我来帮你。你可以提醒自己以下几点,来接受你普通的身材,因为你的身材本来就很棒。

你普通的身材跟你生活中的任何事都毫无关系。

身材跟你感情生活的进展毫无关系,跟你职业生涯的走向毫无关系,跟你朋友数量的多少毫无关系。只有你对自己身材的感受,才会影响这一切。如果你自己感觉糟透了,或者你太在意自己的外表,你就不太可能吸引大家。但是,如果你自信满满,人们就会注意到你。人们会被自信、有感染力的人吸引。你怎么看自己,别人就可能怎么看你。

严格要求自己保持身材并不是好事。

老实说,严格保持身材是一种负担。你必须遵循荒唐的饮食要求,基本上永远不能翘掉健身课(即使你筋疲力尽),过着非常严格的被条条框框限制的生活。我宁愿做个普通人。你呢?

衣服尺码不能定义你。

"大码"并不是个贬义词,10码也不是坏事。这都是很普通的尺码,我们却对它们过度在意。在服装店里大声说出我们的牛仔裤尺码,给自己的衣柜打上特定尺码的烙印,都让我们感到自卑。但说到底,谁会在乎呢?每个人的身材都不一样,各美其美呀。

身形好看与否跟衣服尺码毫无关系。

几年前,我要在朋友的婚礼上做伴娘。在六个伴娘中,我衣服的尺码最大,是14码,而其他女孩都只有4码。我早就知道买礼服会让我压力很大,因为我必须买比平时大两三个码的,有了和其他人的对比就更糟糕了。可我干吗要这样?我为什么觉得尺码越小就越好看?我玲珑有致，有蜜桃臀、丰满的胸和大长腿——该有的我都有。归根结底，小并不就等于好看，小只是小而已。

人人都有觉得自己普通的时候。

不管穿4码，14码，还是别的码，你都可能曾觉得自己很普通，但你可能没有意识到这种感觉其实很平常。也许，你会为在海滩上脱掉罩衫感到惊慌，因为无论是站着还是躺着，你只有穿着它才觉得自在。也许，你会为自己在朋友面前把饭吃得很干净感到紧张，因为你不希望他们觉得你吃得太多。也许，你会担心人们看出来你又重了三斤。不管怎么样，你不是个例，你跟大家都一样，所以你很正常，还有很多人的身材跟你差不多。所以，下次在海滩上脱掉罩衫时，如果你还觉得尴尬，记住，我们都一样。所以，请再也不要为普通的自己而感到羞耻了。

寻常健康习惯让生活更快乐的八大原因

从我最终接受自己普通身材的那一刻起，我在一般的事情上就不再那么苛求自己了，比如，想吃芝士汉堡就吃，不想去健身就不去，工作时随心所欲地吃零食。在这之后，我的生活变得快乐好多。毕竟，人生苦短，我们不能整天都把自己当作自己的私人教练。就当给老天爷一个面子，吃块蛋糕吧！如果是我，那就吃块比萨。因为，我觉得比萨比蛋糕好吃太多了。对于下面的这份清单来说，你可以把比萨当作一个改变习惯的完美过渡，只要你的健康状况还行，生活就无限美好。

1.你不必克制自己去享受渴望的东西

想吃比萨？可以。想吃炸薯条？可以。想吃芝士、芝士通心粉、冰激凌、饼干？都可以！不过，你可别吃到胃痛得昏过去（至少不要一直吃）。吃东西的时候可别狼吞虎咽。作为一个长期节食过的人，让我来告诉你，偶尔放纵一下会比严格控制饮食快乐得多。

2.你可以毫无心理负担地随意品尝餐厅里热腾腾的面包

你就是个普普通通的健康人，一周内摄入了足够的营养，可以放心吃点儿不那么有营养的东西。所以，面包篮上来了，就浅尝几口呗。收到"茶水间里有免费食物"的邮件通知时，去茶水间逛逛也不会感觉很糟糕。你在健康方面已经做得很好了，不留遗憾地生活，生活才会无限美好。

3.你不用纠结饿了的时候能不能吃零食

有时候，生活就像在每周买不买零食之间摇摆。不买零食，你这一周都希望自己买了；买了零食，你又希望自己没有买。但是，当你最终接受折中的吃零食方式，就能逃出这种矛盾的怪圈。你可以每周吃适量的零食，而不是这一周吃个饱，下一周就挨饿，就是这样。除非你选的是薯片和辣酱，遇上这对王炸组合，那就不会有适量一说了。我真的有点儿相信薯片和辣酱对人来说就像猫咪的猫薄荷，但也许只有我这么上头？

4.想喝酒就喝酒

多年来，在我为自己的身材感到难为情的时候，任何跟酒精有关的活动我都会拒绝。无论是想喝杯酒还是来点儿伏特加苏打水,我都会对着镜子里的自己说:"你的身体现在不需要从酒精中摄取热量……喝完酒你又想吃东西,你的身体也不需要那些东西。"然后,我就会宅在家里,用薯片和辣酱来打发无聊的时光,接着又继续为自己的行为感到羞耻。我对自己太苛刻了,干吗要这样呢?无论周五晚上是待在家里,跟老朋友出去喝酒吃饭,还是跟同事下班后去酒吧喝酒,都没有什么影响,我看上去状态都很好。我只是不满意自己普普通通的身材。现在,我把自己从保持已久的健康夜生活习惯中释放出来了,时不时地出去跟朋友喝一杯。事实证明,更活跃的社交生活让我更快乐。

5. 不想去健身房就不去

有些日子,下班后的我只想回家,坐在沙发上,一边听着电视的声响,一边在电脑或手机上浏览我订阅的所有社交媒体信息。换句话说,我的有些日子就是毫无意义的,但这没关系,毕竟生活并不轻松。当然,我也喜欢锻炼,而且,我尽量每周至少锻炼三天,但我永远不会成为那种每天跑十五公里或睡前做五分钟仰卧起坐的人。如果是这个原因让我的体脂率永远降不下来，那也没什么要紧的。不必为了让自己成为一个特别健康的人就强迫自己做不想做的事情，我也永远都成为不了那样的人。强迫自己，弊大于利。

6. 不想做晚饭，偷个懒也无妨

有时候，"羡慕嫉妒恨"都不足以表达我对那些能够每天自己做晚饭，同时保持家里干净，社交生活活跃，健身强度还高的人抱有的感情！连着两三天，每天做顿像样的晚饭，光是这我有时都做不到，更不用说锻炼身体和收拾房间了。不想做饭就叫外卖，这一度也让我很头疼，因为我想要健康，想每顿饭都自己做！但生活中总有拦路虎，这没什么的。我做饭做得够多了，就我普普通通的生活而言，我已经做得很棒了。

7. 不操心制定苛刻的本周节食计划，时间自然会多起来

制定膳食计划，自己做饭，想法很不错，但每周都这样做可能会让人精疲力竭。如果我"野心勃勃"地决定安排好下周的一日三餐，那得花上好几个小时！好几个小时啊！我得找菜谱，评估自己每一天的心情，再综合预算和时间排出最合理的菜单。即便做了这些，我也很难严格按照计划执行。我会偷懒，会累得不想动弹，冰箱里的食物会坏掉，留到周末又不得不扔掉。所以，我试着接受我的普通，为我的饮食计划找到一个中不溜地带。要是我只做些普通的计划，还能按照计划执行几天，就算完成得不错了。

8.即使你忙得没时间做饭，也不会挨饿

总有那么几天，你起床晚了，只能在路上吃早餐。总有那么几个周末，你忙着手头的事情，没有时间去买菜，没有时间去想接下来的几天吃什么。总有一些晚上，你饿得回到家就把零食柜翻个底朝天。这都是普通生活的一部分。如果有一段时间你根本不能健康生活，也不要难过。因为这只是暂时的，又不是说你的整个生活都这样了，而且也不会一直都这样。你想成为那些不睡觉、强迫自己健康饮食、不停锻炼的疯子吗？不想吧？你会该睡就睡，对吧？当然了。毕竟，这就是普通人的生活，

正常的生活。

你是愿意纠结还是过自己想要的生活?

做个测试吧。

早晨梳洗时,你宁愿:

精心打扮,让自己看起来脱颖而出,希望别人认为你比一般人漂亮,

还是,

不在乎外表如何,想做什么就做什么,比如睡觉、做饭或者打扫卫生?

买牛仔裤时,你会:

因为自己穿的尺码太大而觉得尴尬,所以不敢请店员帮你找裤子,结果空手而归,

还是,

无所谓身材如何,请店员帮忙找到你要的尺码,满载而归?

在办公室吃东西时,你宁愿:

看着喜欢的东西,只闻一闻,一口也不尝,因为不

想让同事觉得你是个不健康的吃货,

还是,

不管同事怎么看待你的不良饮食习惯,只管尽情享受诱人的美食?

穿衣打扮方面,你会:

即便衣柜里塞满了衣服,也抱怨没有漂亮衣服可穿,并因此不出门,

还是,

不在乎别人对你衣品的看法,有什么穿什么,享受你的人生?

说到体重时,你会:

每天称重,即便你并没觉得自己的体重有何变化,但情绪依然会随着数值的波动而起伏,

还是,

一个眼神都不给它,对现在的自己就很满意?

在餐厅里有人点了开胃菜,你会:

怕别人觉得自己吃得太多了,所以一口也不尝,

还是,

不管别人怎么想,好好享受这美味的开胃小食?因

为，天知道，你已经吃得很健康了。不需要时时刻刻都做得完美。

在餐厅点菜，你会：

担心其他人都点沙拉，所以即便真的很想吃炸薯条也不点，

还是，

不在乎别人怎么看，想吃什么就点什么，点一份健康的折中餐：沙拉配薯条？

来到海边，你是：

生怕别人看到你坐着时从泳衣里挤出的赘肉，所以又慌张又尴尬地脱了罩衫后一直躺在沙滩上不起来，

还是，

无所谓穿上泳衣好不好看，尽情享受海滩之旅？

在网上发布自己的照片时，你是：

担心人们会怎么看待你普普通通的身材，反复斟酌这张照片发还是不发，最后放弃，

还是，

才不管别人怎么看你普普通通的身材，只管把照片贴上去？因为这张照片已经够漂亮的了，而这才是最重

要的。

与他人交往时，你会：

担心发胖，不去赴约，因此错过一个似乎很有趣的夜晚，

还是，

毫不在意这普普通通的体重有多大波动，去跟你喜欢的人共度时光？

······ 大奖 ······

Chapter 4

别把生活当作言情剧

关于七分的爱情,我想说……

爱情:理想很丰满,现实很骨感

邂逅

理想: 你在咖啡店里等拿铁,忽然有人撞到你身上。你看着他。天哪,这不就是一见钟情吗?于是你们聊了起来,发现你俩有好多共同点。他就是你的梦中情人。这个时候,背景中响起婚礼的钟声。你们交换了电话号码。

现实: 你在咖啡店里等拿铁,打开相亲程序,滑动屏幕翻看那些不怎么样的对象,感觉每个人都差不多。你已经弄不明白什么人适合自己了,所以这周你安排了好几次相亲。

初次约会

理想:去了一家时尚、休闲又有私密性的高档餐厅,坐在餐厅角落的餐桌旁,远离其他人。你俩的口味一样,于是你们分享了每一道菜。不知不觉,已经过去三个小时了。你们在餐厅外亲吻,约定下次见面,然后不舍地分别。你高兴极了,一路欢喜雀跃。

现实:去了一家挤满了人的餐厅或者空荡荡的餐厅(没有中间状态),试着在吧台找到两个相邻的空座位。你俩很投缘,但你们都有点儿醉意,所以你并不确定是不是酒精的缘故。你们尴尬地在餐厅外吻别,约定下次再见。

开始真正约会

理想:周末,你们共进烛光晚餐,然后手牵手在公园里漫步。工作日,你们在彼此家里过夜。

现实： 你们尽量在忙碌的生活中为彼此腾出时间，同时又不想显得太黏人。在接下来的几周里，你们每周会见一两次。

性爱

理想： 白色羽绒被上洒满玫瑰花瓣。远处的壁炉温度恰到好处，不冷不热，穿不穿衣服都可以（这点很重要）。在销魂的被窝里轻柔却充满激情地做爱，或者还没到卧室就开启了热烈而狂野的性爱。无论是哪种方式，最后你们都会相拥而眠。

现实： 你俩在床上缠绵，其中一个说："你想要吗？"另一个说："好。"即便天气很冷，你们也会脱掉衣服再开始做爱。你们要么问得很直接："你喜欢这样吗？""你喜欢那样吗？"要么就都不说话，想搞清楚眼前这位新的性伴侣的喜好。一切毫无预兆地就结束了。你俩轮流去卫生间清洗，方便。

见朋友

理想： 你带着新伴侣参加朋友聚会。他跟所有人都相处融洽，所有人都挺喜欢ta。朋友们把你拉到一边告诉你这一点，你乐不可支，一路欢天喜地地回家。

现实： 你带着新伴侣参加朋友聚会。周围的人互相都认识，他一个陌生人有点儿害羞，一直跟着你。终于，有一些健谈的朋友跟他聊起来了。事后，你给朋友们发消息问他们怎么想，他们都说喜欢他。你松了一口气，但仍然想知道，他们是真的喜欢你的伴侣，还是只是嘴上说说而已。焦虑真是个恶魔。

同居

理想： 你们搬进了一套漂亮的房子，房间宽敞，橱柜很多，卫生间里有两个洗手池。家里总是干干净净的，你们还把房子装饰得很漂亮。你们经常会邀请朋友来做客，但更多时候只有你们两个人依偎在沙发上，看你最喜欢的电视节目。

现实： 你搬进了一套局促的房子，衣柜很小，卫生间洗手池只有一个。你们必须合用衣柜。对方的卫生习惯让你觉得很不爽，又没有别的办法。不过，一天下来，你们还是能一起坐在沙发上看电视，所以一切都还好。

吃晚饭

理想：每周有一两个晚上你们去外面吃,其他时间你们都会一起做晚饭。

现实：你们每天要来来回回讨论上三个小时"你想吃什么?""我不知道,你想吃什么呢?"。最终,不管是吃饭还是做饭都太晚了,所以要么吃零食,要么点比萨,或者两者兼而有之。

订婚

理想：在一个美丽的夏日,你俩单独在海边漫步,忽然对方单膝下跪求婚。你不知道会有这一幕,激动地哭了起来。忽然,你的家人、朋友们不知从哪儿冒了出来,身边还跟着一位专业摄影师,把这一切都记录了下来。

现实：你们在海滩上度过了平凡的一天。你们走到了远离人群的地方,他突然单膝下跪向你求婚,把三个月前一起挑选的戒指递到你面前。你答应了,然后你们接吻。你们身后的一群人鼓起了掌。你发现周围竟然有人，觉得有点儿不好意思。你们打算回家给家人和朋友打电话通知这件事，但两人为先打给谁而争论不休。

策划婚礼

理想： 满满的幸福。这是你一生中最快乐的时光。你想要的一切都如愿以偿。每个人都为你高兴。

现实： 妥妥的苦差。婚礼策划简直变成了一份正儿八经的工作，而你俩这时都是全职打工人。太多琐碎的小事要你们作决定：家人们争论不休；每样东西都很贵，谁都不想再听到你不停地提起婚礼这个词了。你恨不得跑了算了，但是不行，因为还得收礼呢。真的，你做这一切只是为了得到一口见鬼的荷兰锅，以及一个能让亲朋好友都出席的有趣聚会，但说实话，这些真的值得吗？我不确定。我结婚时收到的荷兰锅到现在都没碰过，所以我才会跟你聊到这个。

婚礼

理想： 你生命中最美好的一天。你看起来漂亮极了，心情简直不能更好了。一切都如约进行。每个人都玩得很开心。

现实：这辈子过得最快的一天。你看上去很美,但算不上你最美的打扮。为什么你的头发看起来有点儿怪?为什么这些花看上去不太对劲儿?为什么餐桌的号牌放错了?总的说来一切都进行得很顺利,除了一些小问题。大家还是玩得很高兴的。

度蜜月

理想:充满欢声笑语,柔情蜜意。兴之所至,更频繁地在厨房的料理台上做爱("更频繁"这个部分只是说说,我们都知道这一幕不会在现实生活中上演,但如果你有这样的经历,请一定要跟我分享这个秘密)。

现实:一群人问你们:"结婚感觉如何?"可你俩都不知道该怎么回答,因为生活跟以前完全一样。能不能别再问新婚夫妇这个问题了?谢谢。

买房

理想:你们不知不觉就攒够了买房的首付。这房子可不一般,不仅漂亮,位置还好。几百平方米的空间,还带一个超大的院子,房间很多,以后有了孩子也够用,有客人来,空间也足够宽敞。你搬进新家,去高级的家居店买家具,装饰房子,连招待客人的干酪盘都很艺术。生活真是太美好了。

现实: 不存在这样的现实,因为买房是不可能的。开个玩笑。买房还是有可能的,有些刚需房就是给手头不宽裕的普通人准备的。有些地区的房价还不算离谱(我住在马萨诸塞州的波士顿,这儿的房价有些夸张了)。最终你买到了一套很普通的刚需房,但你没钱装修了。不能买家居店的时髦玩意儿了,唉,其实也没多时髦。这只是普通的社区里的一套普通的房子,没有什么可看的。

一起旅行

理想: 尽管你们有贷款和各种支出,但仍然有钱每年出国游一两次,甚至三次。而且,你们都有充裕的时间去旅行,你们周围的人也都鼓励你们去旅行。

现实: 你:"现在去阿鲁巴的机票很便宜!我们可以买一个酒店套餐,一切费用全包!我们很久都没度假了,可以去旅行吗？哦，等等——要工作，请不了假。唉，当我没说。"

怀孕

理想： 你计划备孕的同时就神奇地怀上了。你突然就有钱买更大的房子和宝宝所需的所有物品了。孕期很轻松，也没什么需要顾虑的。

现实： 你一直在推迟要孩子，可天不从人愿，你怀孕了；或者，你正在备孕，但生活跟你作对，你就是怀不上；又或者，你都不确定自己想不想要孩子。

夫妻朋友

理想： 你有一群很棒的夫妻朋友。每个人都相处得很好，总想一起玩。你们一起吃饭，一起周末旅行，甚至计划搬到邻近彼此的地方居住。你知道你们永远都是朋友，你们的孩子也会成为朋友。

现实： 你们偶尔会和几对夫妻一起出去玩，但大多数情况下，大家都各忙各的。你可以结识新的结了婚的朋友，但不是每个人的另一半你都喜欢，所以你也不想再结交夫妻朋友。再说了,这些人都很忙,而且你也很忙!

约会之夜

理想: 每次你们想出去过二人世界时,父母都会帮忙看孩子。

现实: 跟你想的不一样,你没法依靠父母。也许他们不住在你附近,也许他们很忙,也许他们已经不在了。你可以找个保姆,但你已经为日托花了一大笔钱,所以你们很少外出约会。

养育孩子

理想: 你们每周都有家庭之夜。周末全家外出游玩。你们看足球比赛,观赏舞蹈表演,经常去动物园。

现实: 周一到周五的晚上都忙疯了,你俩各自开车送孩子们去参加不同的活动,所以你们可能永远没有时间一起做些事情,周末也一样。你们在足球比赛和舞蹈表演之间奔走应付,不过仍然去了很多次动物园。

家庭度假

理想: 七八月份,你们去你们在海边的度假屋度假,还邀请了你成双成对的朋友和他们的家人。有时也在年中去加勒比海,有时也去欧洲旅行。你们的孩子都很有教养。你偿还贷款毫无压力。

现实: 你的钱不够,时间也永远不够。你、你的配偶和孩子们的日程安排完全不同,更别说你还要工作,还要还贷。夏天,你们一家还是会找个地方待上一两周,但老实说,你的压力很大,会躲起来借酒浇愁。

结婚25周年纪念日

理想: 孩子们为你们举行了盛大的庆祝典礼。所有亲戚、朋友欢聚一堂。这就像一场婚礼,但比婚礼还要美好。

现实: 好吧,如果你们有幸走到了这一天——现实是,很多夫妇走不到这一天——你的孩子可能会向你要钱而不是用他们自己的钱给你办派对。这个时候,没几个朋友会来,因为他们就像你一样,家务缠身走不开。最终你们很可能是在一家连锁餐厅吃了顿好的以表庆祝。

凑合过一下吧。

退休

理想：你再也不用工作了，而且有这么多钱可以花。退休太好了！终于，你们真的白头到老，可以环游世界，潇洒自在。

现实：不好意思，你还不能退休。你的退休金只够买一年咖啡。你觉得这也没关系，因为你的背现在不太好了，你再也不能旅行了。唉，就这样吧。

如果爱情不是超凡脱俗的，还能叫爱情吗？

我一直以为爱情是件疯狂的事。一旦你看到了爱情，你马上就会发现，它会占据你的整个身心，让你高歌，让你狂舞，让你对每个你讨厌的人都温暖如春。

我为什么会有这种想法？因为很要命的是，我学到的就是这样的。

在大多数影视剧中，恋爱中的人总是快乐的。他们会吹口哨，有时候会突然放声歌唱。即便一个爱发脾气的人，一旦陷入爱河，也会变得温柔起来。我希望在我找到爱情的时候，可不要动不动就在公共场合吹起口哨来，但我确实觉得，余生都会因此而感到愉悦。

在青春爱情片《我恨你的十件事》中，男主角在学校体育场上拿着麦克风唱出情歌，让全校师生见证他的爱意，以此证明他的"爱"对心上人来说是多么超凡脱俗（即使他是收钱办事，但也相信在大庭广众之下唱歌就等于宣告爱情，我也相信）。

在1995年上映的，由奥尔森姐妹和柯尔斯蒂·艾利主演的经典影片《好事成双》中，我们有幸听到了这样一句经典台词："真正的爱情让人食不甘味、夜不能寐，让人心怀勇气、勇往直前，志在必得。"这教会我，永远不要满足于平凡的爱情。

当然，浪漫喜剧总有一个欢乐的结局。因此，我觉得一旦我找到了那种志在必得的爱情，之后要经历的一切都是小菜一碟（或者比萨吧，我喜欢比萨）。

可当我邂逅爱情的时候，它并非我想象的那样。它不会一直都完美，我也并没有高兴到必须克制自己在大庭广众下吹口哨的冲动。丹的最接近在屋顶大喊爱我的举动是,在社交媒体上发了几条帖子说他真的很爱我。这没有让我感受到一丝冲进世界大赛般志在必得的绝妙感觉。我吃得下,睡得着,而且我一直就懒得很,没有夜不能寐,也没有勇往直前。对了,至于"从此幸福地生活在一起",其实也并不一直都是幸福的。

我们会吵架,吵了很多很多次。吵架原因太多:约会次数不够,度假次数太少,公寓太乱,我的消费习惯不好,他吃了我藏的蛋白棒。我们真的没有一个星期不为这些琐碎之事大喊大叫,有时候还伤心痛哭。我哭基本上是在发现他偷吃了我的蛋白棒后。

尽管我们有分歧,却仍彼此相爱。我们能够让彼此开心,让彼此大笑。我们什么都可以聊,我们在一起的时候总能玩得很开心。我们无时无刻不想在一起,当然,除了我因为闹肚子24小时不断释放出难闻的毒气,还有他剪脚指甲的时候。

在内心深处,我很想知道如果我们的爱情不是超凡脱俗的,是不是就意味着我们的爱情不够伟大。当然,有些时候,我们感觉很好,只是有时候又觉得我们的爱情太普通,太平淡,太不起眼了。

Chapter 4 / 别把生活当作言情剧

为什么比起别的情侣,我们的爱情毫不特别?为什么我们并没有一直都幸福满满?我们为什么会吵架?我觉得我们已经找到了完美幸福关系的中不溜地带。但爱情,七分就够了吗?难道必须超凡脱俗,才算是真的爱情吗?

••••••••••••••••••• ★ ★ ★ •••••••••••••••••••

大概在我26岁生日前的一周,我和几个朋友出去玩。从洗手间出来的时候,我看到一个大帅哥朝我这边走来,顿时眼前一亮。他个子很高,一头乌黑的头发,看那身形,说不定高中时是个校队运动员。他看上去真的和我是绝配(我暂时称他"绝配"如何)。

我飞快地挪开目光,朝我的朋友们走去。回到桌边时,有几个男的在跟她们聊天。我低头看看手机,发现已经过了午夜。很晚了,我不想加入他们的聊天,想回家了。毕竟,我的另一半在家里,我对这些男人可没兴趣。

我打开手机上的网约车软件时,看到绝配朝我们这边走过来了。我愣住了。他停下来,站在那些跟我朋友说话的人旁边。原来，那些人是他的朋友。

他也没有参与他们的聊天。看我站在人群外，他冲我笑笑，走了过来。

"你好。"他说。

"你好。"我笑着回答。

我们聊了起来，我们的朋友就在我们身边继续聊他们的。我们一对一地聊着，直到打烊时间到了，店里亮起灯，每个人都开始穿衣服准备离开。我感觉到这时有一只手搭在我的背上。是绝配的手。

"能把你的手机号给我吗？"他问道，一边挪开手。

我看着他，又愣住了。为什么他碰我的时候我感觉到有一丝异样？我不应该对别的男人有任何感觉的。毕竟我已经谈恋爱了。

一位听到我们对话的朋友拍拍我的肩膀。"你确定要把电话号给他？"她低声说。

我转身答道："只当是交个朋友，没事。"

我刚要告诉他号码时，我的绝配已经有点儿着急了："犹豫吗？"

"不好意思。"我紧张地笑了笑，把他的手机拿过来，输入我的手机号。我们互相道别。我一边等车,一边看着那群人走出酒吧。

"你真的把你手机号给他了?"我朋友问。

"没给。"我撒了个谎,免得大家觉得我太离谱了。

我们都笑了。我感到胃里翻江倒海得难受。他们不知道实情,但这并不意味着我不是一个不靠谱的人。

我坐上网约车回家——我和丹合住的公寓。

我走进公寓,发现所有的灯都关了,但电视还开着。我走进客厅,看到丹在沙发上睡着了。我摇了摇头。这样的情景让我疑惑我们是怎么走到一起的。我和朋友出去喝酒,他在家里看历史频道的纪录片看得睡着了。这都是怎么回事?他为什么会选我?且不说我们是完全相反的两个极端,我还是个"坏东西"。男朋友在等我回家,在沙发上等得睡着了,而我呢?我出去玩,还把手机号随便给了个男人,只因他的样子让我产生了一种异样的感觉。

我关掉电视,给丹盖上毯子。我不想吵醒他,自己走进卧室睡觉。那天晚上,我大部分时间都醒着,琢磨着我都做了些啥,为什么会这样做。

我连绝配的名字都不知道。也许他会打电话来,也许他会发消息,也许他今晚或明天就会联系我,到时候我就会搞清楚我们是真的有点什么,还是只是酒精使然。但是等等,要是他真的约我了怎么办,我要回复吗?如果丹看到了,我该怎么解释?我在想什么呢!

就这样,我带着狂乱的思绪睡着了。第二天早上醒来时,我头痛得厉害,只要动一下都觉得房间要旋转起来了。

我从床头柜上抓起手机。没有电话,没有消息,我稍微松了一口气。我不该把自己的电话号码给别人。我爱丹。但我又有点希望绝配能给我发消息。为什么?我不知道。也许是为了验证什么吧;也许知道了还有人会喜欢我,就会增强我的信心;或者,也许,只是也许,我觉得这是一个预兆,说明我七分的爱情还不够好,可能还有更伟大、更超凡脱俗的爱情在等着我;也许,只是也许,我想,那个人或许就是绝配呢。

星期天,我们就像平时一样过了一整天。买菜、锻炼、做饭、看电视。当然,一起度过一天总是很愉快,但这没什么特别的。我想知道跟绝配在一起的星期天会是什么样子?还会是这样吗,这么寡淡?

那天晚上,我躺在床上,依偎在丹的怀里,脑子里却不断冒出绝配的身影。他为什么不给我发消息呢？为什么不给我打电话呢？他觉得第二天就约我显得太着急了吗？他并不想跟我发生点儿什么吗？他有女朋友了？还是他发现我已经有男朋友了？没错，我的确有男朋友。我爱我的男朋友。我把丹的胳膊搂得更紧了，闭上眼睛，想把那些念头赶走。

接下来的整整一周，我都像一个超级忍者一样克制着那些胡思乱想。

20世纪90年代，我还是个看浪漫喜剧的小朋友。那时，我的梦中情人是一个完美的男人，他英俊潇洒，聪明过人，身强力壮，不仅如此，他还是藤校的学霸和橄榄球一级奖学金运动员。他身高一米八几，皮肤是自然的小麦色，头发和眼睛都是棕色的。他有一个相亲相爱的大家庭，有一大群好朋友，有很多钱存在银行里，而且有在退休前每年把这笔钱翻两番的志气。他最喜欢的乐队、艺术家、影视节目也是我最喜欢的，他也像我这样喜欢海滩、温暖的天气和咖啡。他是如此博爱，而且所有人也都爱他。他是完美无缺的。

丹对我来说，也挺英俊的。他在高中班上排名前十，很聪明(这真的没什么意义,但他会感激我补充这一点)。他协调性不够,不适合团体运动,但要是说长跑,算得上运动员级别,常常能一口气跑十多公里。丹身高不到一米八,皮肤很白,为了避免晒伤,在海滩上他只能坐在该死的弹出式帐篷下。他有一头棕色的头发,但年龄越大,头发就越少,脸上倒是长了一些胡子。他淡褐色的眼睛漂亮极了。丹是家中独子,有几个挚友。他还有一份体面的工作,银行里的存款比我的多。我们喜欢的电视节目是一样的,这是维持时下恋爱关系的一个必要因素,因为看电视是正常人必不能少的生活内容。由于只能躲在帐篷下,他不太喜欢去海滩,比起夏天,他更喜欢冬天。他性格内向,腼腆,绝对不是我多年前心中的完美对象的样子,但我们在一起很合得来。

可是,如果超凡脱俗的爱情真的存在,而我却因为没有坚持年少时的追求而错过了它,那该怎么办?

丹和我基本上就是海报上那对互为极端却互相吸引的情侣。我是一个社交达人,喜欢和一大群人在一起疯,花的钱比挣的多;丹却是个安静的书呆子,喜欢和朋友小聚,爱省钱。我们俩都不是对方的理想型,但不知怎么的，我们在一起就是合适。

但是，如果有其他人更适合我们呢？毕竟，我不像丹那样喜欢历史，也不会痴迷于每晚七点半的智力竞赛节目。我觉得，一个轻松的周六应该这样度过：放着音乐，打扫卫生，然后去逛百货商场。然而，他的方式却是坐在家里安静地读书。还有一点，度假我喜欢去科德角，而他喜欢缅因州。哦，还有一点，我喜欢星巴克的咖啡，而他喜欢唐恩都乐。对了，还有，他喜欢经济型酒店和餐厅，而我更喜欢花里胡哨的东西，呃，虽然我可能买不起。

我们的性格和爱好截然相反，在一起却很合适。可会不会跟别人在一起更合适呢？

当时丹和我一直在谈论尽快订婚的事。我们恋爱六年，同居三年，准备再往前迈出一步。

当然，我们已经准备好迈出这一步了。一切都很美好，很完美，一切都是该有的那个样子。但我们之间没有那种让人激动得想去摘星星的东西。我们的爱情里没有任何一部浪漫喜剧的影子。没有人在一场愚蠢的争吵后在大庭广众下为我唱歌，只为了让我回心转意。

我们的感情很好,但并不是超凡脱俗的。我很担心,七分的感情不会永远这样好下去。我很担心,在别的地方会有更适合我们的人。

这些想法在我脑海里吵闹了一周后,我要求跟丹谈一谈。是时候喘口气了。

"我只是不知道,我们是不是真的合适。其实我俩都不敢肯定。"我对他说。

"你在说什么?"他翻了个白眼说。他以前就听我说过这样的话,多数时候,我们一吵架就会说这些,但还没真的分手过。

"这次我是认真的。我们吵过那么多次架,我觉得真的需要弄清楚我们在一起到底合适不合适。"

"当然合适了,我们彼此相爱。"

"但是,如果爱还不够呢?如果有一个人,你跟她在一起,不会吵架,而且还会更快乐呢?我觉得我们需要分开一段时间来想清楚。"

"我不明白从哪儿来的人,你有其他人了吗?"

"没有,那太离谱了。"我回答,但其实不是百分之百诚实。不过,的确没有其他人。我只是猜想我心目中的绝配可能完全符合多年前我梦中情人的所有标准,而且他可能真的会主动联系我。如果他不符合,再见面时我也会搞清楚的。

"所以你也知道,我爱你。我们不是最合适的,但我爱你。"

"我也爱你。"我强忍着泪水说。我在干吗呢?

我看着他拿起行李袋走进卧室收拾行李,心沉了下去。我想追上去,跟他道歉,叫他忘记我刚才说的话。我们搞错了,我根本不是那个意思,我只是感到很困惑,不知道爱情应该是什么样子的。但我忍住没有说出来。

他背着背包,手里拎着行李袋走出卧室,没有看我。他打开门就要离开时,我的眼泪涌了上来。过了一小会儿,他转过身向我走来,门在他身后关上了。我俩相拥而泣。

"我理解我们为什么需要这么做。我只是不想承认。"他搂紧我说。

"我知道,"我哭着挣脱他,"也许这是个错误,你没必要走。"

"但是我要走。你说得对,这只会让我们之间的关系更紧密。"

我点了点头。他吻了我的额头,然后道别离开。门关上后,我忍不住哭了起来。我都干了些什么啊?

我没有告诉朋友我俩发生了什么,所以当我告诉她们我和丹分手了时,大家都有些吃惊。让她们吃惊的并不是两个截然不同的人决定分开一段时间,而是我俩之间居然还存在问题。我没有告诉朋友们那些细节,也没有跟她们说起我心目中的绝配。毕竟,一段恋爱关系已经持续了这么久,说自己缺乏安全感,还犹豫不定,这是有点儿犯忌讳的,哪怕分手了也是。你希望听到的是大家支持你对伴侣的选择,而不是赞成你再也不要和你爱的人说话。

正因为如此,没有丹的日子让我感到更加孤独。最初几天,我不停地给他发消息、打电话,但快到周末的时候,我们达成一致,继续聊下去没有意义。

••••••••••••••••••• ★ ★ ★ •••••••••••••••••••

不能和丹聊天对我来说是一个挑战,简直就像生存挑战类节目中的挑战。每天早上醒来时他不在身边，我都泪眼婆娑；工作时，我也不能给他发消息；晚上回到家，也没有他迎接我的笑脸。不知道他在做什么，简直让我发疯，不能和他在一起，更让我抓狂。

在此之前，在我心中挥之不去的似乎是我的绝配，但现在是丹。我开始怀疑绝配是否真有其人。比如，他会不会只是徒有其表？我对此人一无所知，只知道他从事什么工作，在哪里上过大学，就连他的年纪也是根据他毕业的年份推算出来的。我一门心思要弄明白这个假想出来的人能不能给我更好的爱，会不会比丹尼给我的更好，但丹尼给我的爱有什么错？错在他并非我12岁那年，躺在卧室地板上听着超级男孩的《这就是我对你的承诺》，想象中的那个与自己携手余生的梦中情人？

分手后的第一个周末，我和朋友出去玩，两杯酒下肚后，她们就对我说，她们真不明白，为什么我跟丹分手了会如此难过。

"分手是你提出来的。"一个朋友说。

"丹是你唯一真正交往过的人。现在，你再看看外面，男人多的是。"我那个最喜欢"猎艳"的朋友说。我喜欢听她分享感情生活,但像花蝴蝶一样在各种男人之间周旋的日子不是我过得了的。她又说了一句:"另外,我前几天在交友软件上看到他了。"

丹也会用交友软件?我很震惊。我以为我是唯一一个对"外面"感到好奇的人。

"反正你可以比他过得更好。"另一个朋友说。

我没有跟朋友们交底,就是因为不想听到她们说这句话。这句话到底意味着什么?我知道人们觉得说"你可以更好"是在鼓励别人,但根本不是这样。首先,这话是一种贬损。至少意味着有人一直关注着你的恋情,并且觉得你还能找到更好的,他们觉得你选择错人了。其次,他们怎么知道你能做得更好?当然,你可以找个更好看的人,你可以找一个挣钱更多的人,你可以找一个跟你的朋友相处更好的人。但是怎么能找到一个你更爱并且更爱你的人呢?谁能说你一开始找到的这个就不是呢?

爱情与外表无关,而是关乎你内心的感受。

那天深夜,其他朋友也带着熟人加入我们的聚会。有一阵,我坐在酒吧凳子上,盯着我和丹的聊天记录,努力克制着想要联系他的冲动。这时,一个男人走了过来。

"你好。"他招呼道。

"你好。"我回应道,注意到我那位爱"猎艳"的朋友正远远地看着我们。她微笑着用手比画了一个亲热的动作。身为成年人,有时候我们真是幼稚得离谱。

我和他聊了大半个晚上,部分原因是出于孤独,部分原因是怕离开凳子待会就找不到座位了。聊了一会儿,他问我想不想离开这里。我不知道该说什么。我的意思是,是的,我想离开,我想回家。我在冰箱里放了一个比萨,这是买来专门应付这种情况的——晚上和朋友外出吃饭,但实际上只是分享了开胃菜,根本就没有吃晚饭,喝得醉醺醺地回来,肚子更饿了。也许有人一起吃比萨会更开心。毕竟,这个比萨一个人吃太大了。这也许多少还能帮我分心,不要老想着丹。也许我朋友的那一番话是对的,该看看外面的人,这是一个机会。

"好啊。"我跳下高脚凳,对他说。

我们一起离开酒吧,坐网约车回到我的公寓。

一回到家,我们就谈笑着烤上了比萨。时间还差两分钟,我们就火急火燎地把比萨拿了出来,也不管它熟没熟,就那么吃了。我们端着剩下的比萨坐到沙发上,打开一部电影,然后就尴尬地、一声不吭地看起电影。

在接下来的三十分钟里,所有的一切都让我感到恐慌。为什么这家伙会在这里?我为什么叫他来?如果丹发现了,会怎么做?为什么我不是和丹一起看电视?和丹一起坐在沙发上看电视是我最喜欢做的事情之一,但和这个人在一起就不是那么回事儿了。我觉得很尴尬,很不舒服,心很痛。我想让他走,但脑海里响起了朋友们的声音。看看外面还有什么,才是真的考验。我必须知道答案。

这个男人把胳膊搭到我的背上,给了我一个非常不舒服的拥抱。手臂太过用力,把我的背挤得生疼,而且我说了三次很痛,他也试着移开胳膊,但不管用。所以我就坐在那儿,默默地忍着,不再提了。好多次,我犹豫着想打破沉默,但也许他真的很喜欢这部电影,而且反正我们之后还会交流。但是太晚了,我想睡觉了。

我觉得自己再也受不了了,就一下子站了起来。我的背终于挣脱了他的胳膊。

"我要去睡觉了。"我对他说。

"好。"他看着我。

"你可以盖身后的毯子。"我指了指沙发上的那条毯子,然后转身朝卧室走去。

一会儿,他站起来,跟上我,把手放到我的背上。我转过身,有点儿惊讶。他吻了我。

我已经很多年没吻过其他男人了。他吻我的感觉很奇怪,但肌肤之亲让人兴奋,所以我也回吻了他。我的意思是,从科学的角度看,我们都是动物,这是正常的。

我还没回过神来,我们就已经赤身躺在床上了。他问我想不想做,我说好,于是我们就做了。

就这样吗?当他结束后滚到床的另一边时,我心里充满疑惑。我疑惑的不是性爱时间的长短,而是"看看外面有什么"这事儿。我只是觉得太无语了,整个过程都令人尴尬,令人太不舒服了。其实跟丹相比,这个男人更符合我对梦中情人的标准,而且,我也真的觉得我们之间会有某种化学反应。但如果有,我不该觉得不舒服的,我应该会觉得很舒坦。而且,即便我感觉不错,谁又知道他感觉好不好呢?

第二天早上醒来,我们想到前一晚的事都尴尬地笑了起来。我们都假装喝醉了，不记得发生了什么，毕竟，在这种情况下，我们还能做什么呢？他离开时，没有跟我吻别，既没有接吻，也没有亲吻脸颊，连拥抱也没有。我想，他找到了他寻寻觅觅的答案。好消息是，我也是。坏消息是，我把所有的事情都做完了才知道答案。

第二天，我找朋友陪我一起去药店买了紧急避孕药。那晚我们采取了保护措施，而且我一直有吃避孕药的习惯，但不知怎么的，再来个补救措施会让我更安心，就好像这样就可以把我和那男人之间发生的一切抹得干干净净似的。补救措施其实于事无补，我只是想让自己这么想，这样能好受些。不过，我也没觉得好受多少。

那天下午晚些时候，我去家居店买了一整套床上用品。羽绒被、床单、枕套，我全部给换了。之前的旧床单，我再也睡不下去了，它沾满了罪恶，我必须重新弄张床。其实，丹和我以前商量过，要买床支数更高的床单。我真希望是他陪我去挑选。

那天晚上，我坐在新的羽绒被罩上，浏览丹那一年可能也就更新两次的社交媒体，想看看他最近在做什么。他在交友软件上跟其他人聊天吗？他和别人上床了吗？

他过得开心吗?

想着想着,我哭起来了。我哭是因为我想念丹;我哭是因为我没有和他在一起,更确切地说,是我不能跟他说话了;我哭是因为这一切都源于他没有满足我12岁时列出的梦中情人清单上的所有条件;我哭是因为那些满足大部分条件的人根本不适合我;我哭是因为我找不到人倾诉这些,别人只会责备我,只会说"你可以做得更好";我哭是因为我想念丹,我好希望他回家。

我给他打电话了。

"喂。"他接了。

"对不起,"我在电话里哭着说,"我爱你,你可以回家来吗?"

第二天丹就回了家。他一进门,我们就紧紧拥抱在一起,拥抱了足足有46分钟。

从小到大,我看过的所有影视剧都把爱情描述成一件不可触碰的艺术品,这就是忽悠人的。就像社交媒体

总是把普通人生活中最光鲜亮丽的一面展示给人看,这些影视剧呈现给我们的是虚构的完美生活,所以当现实跟这些虚假的美好不一致时,我就觉得自己被欺骗了。

爱情不必超凡脱俗,不必超群绝伦,不必一直完美无缺。爱情不必让你有爬上屋顶大声示爱的冲动,也不必让你高兴得在拥挤的街上吹口哨。爱情不必让你觉得自己是在参加世界大赛,也不必让你一直都快乐无比。事实上,要一直开心根本不可能,除非你是机器人,没有情感,也不受激素的影响。

爱情,无分完美或平庸。没有最佳时机,发生了就发生了。毕竟,爱不是一个具体的东西,它是两人之间的感觉,从科学上来说,这种感觉情不自禁。真的,就是因为科学,爱情被称为"化学反应"是有道理的。

尽管丹不是我的梦中情人,我也不是他的理想伴侣,但我们在一起就是比跟我们的梦中情人在一起合适。我们有那种感觉,那种彼此相连的感觉。

要是我早点儿知道,我的梦想不是找一个完美的男人,而是找一种完美的感觉就好了。找一个带给你家的温暖感的人,找一个能让你开怀大笑的人,找一个瑕不掩瑜的人。归根结底，人无完人。每个人都有缺点，你只需要找一个跟你完美匹配的普通人。

我宁可自己的爱情平平淡淡，也不想要超凡脱俗的那一个。我宁可自己的爱情是中不溜的，有波峰，有低谷。身处低谷的时候，我会回顾在波峰之上的美妙，让平平淡淡的感情也足够甜蜜。波峰很美好，但老实说，它总会给人们错误的预期。因此，我爱我们平凡的爱情，也再不会有任何疑虑。

为什么世上没有完美的伴侣

权威观点：事情不像表面上那样简单。

我好像总是在对自己和其他人说这句话。生而为人，我们一直都在把自己和他人作比较。可有个问题，我们只能把自己的现状和那些我们感受到的情况作比较，因为我们永远无法真正了解别人的感受。

我们和别人比工作，是看头衔的高低，却不知道他们的工作职责、收入，或者对自己的工作是否满意。

我们和别人比经济状况，是看穿着、去哪里度假和居住环境,却不知道他们的钱是从哪里来的,也不管他们的信用卡欠费多少。

我们和别人比友谊,是看他们发在网上的照片,却不管他们实际上多久见一次面,每个人相处得是否真的愉快。

我们和别的夫妇比恩爱,是看这对夫妇在公共场合中的行为以及他们在网上发布的有关彼此的信息,却不知道私底下他们相处的真实情况。

我们根据这些漏洞百出的假设设定了一个"平均水平"的标准,认为那些看上去比我们做得更好的人高于平均水平,而我们自己则没有达标,所以相形见绌。我们必须停止这样的比较了,尤其是在感情方面的。

要是你觉得外面都是完美的情侣,那你的爱情生活就完蛋了。要是你正在谈恋爱,你会心生疑虑:为什么总觉得约会的次数不够,性生活不够,快乐也不够。如果你还没有谈恋爱,这会让你对任何准恋爱对象产生疑窦:这个人的相貌达标了吗?这个人足够出色吗?这个人赚的钱够吗?

你应该根据自己的想法、感受和信念来回答这些问题,但你的感知出了问题,你就会怀疑自己的判断,然后陷入一个无尽的问答循环中,备受折磨。

我们来体验一下社交媒体关系中的无限循环,怎么样?

• ★ ★ •

假设你正在浏览社交媒体,你会看到一连串很完美的照片,包括但不限于以下这些:

一对俊男靓女在意大利乘船旅行的照片。

他们那身穿着,看上去就像真人秀《单身汉》里的服装似的。更不用说他俩要身材有身材,要脸蛋有脸蛋,上这个节目完全够格。为什么这些长相出众的人财务状况也如此出众,足以支付一场横跨意大利的长途旅行?这样的人是怎么变得如此完美的?

一对刚刚一起完成又一场马拉松比赛的夫妇的照片。

能一起跑步的都能长相厮守吗?为什么呢?怎么做到的?两个完美的马拉松运动员是如何找到爱情的?

一张珍贵的婴儿百日照。

襁褓中的她躺在一张白色的仿皮草地毯上,周围布置着极简的装饰,绿意盎然。宝宝喜欢什么,不喜欢什么,都写在纸条上,骄傲的父母好像都知道,满怀爱意。但老实说,他们怎么可能真的知道孩子的喜好呢?这些新手父母是怎么做到驾轻就熟地育儿的呢?

一对夫妇在教育资源一流的城区的新家照片。自豪的主人在照片上写下了寄语:"迫不及待地开启新旅程。"

两人站在屋前,跟他们的大房子比起来,他们看起来就像两个小圆点。这个房子怎么这么大啊?他们怎么买得起这么大的房子啊?他们是把所有钱都砸进去了吗?他们跟这栋完美的房子一样完美吗?

一位同事与妻子和两个孩子拍摄的全家福艺术照。

他们都是金发碧眼,身着白色礼服。照片里的他们似乎是在一个光线充足的树林里。你觉得这些看起来就像宣传图片一样,你想知道为什么怎么看都如此完美。

一个老熟人的求婚照。

他们在海滩上,她看起来十分惊讶。他俩看起来都很开心,而且皮肤也晒得黝黑。哦,他们在度假呢。戒指有我手掌那么大。曾经的丑小鸭要变天鹅了,她要和谁结婚啊?

Chapter 4 / 别把生活当作言情剧

几家人在巴哈马的度假照。

他们都是朋友,父母、孩子、祖父母都去了,或者,至少他们看起来都是朋友。他们穿着得体,享受着鸡尾酒,开着舞会。他们的旅行似乎很完美。天哪,他们的生活看起来也很完美。完美的人是如何找到彼此并聚在一起计划出这样完美的旅行的?

•••••••••••••••••••• ★ ★ ★ ••••••••••••••••••••

当你把别人的浪漫生活看了个饱后,你会想,为什么这些人都有完美的爱情,而你的恋爱却如此……普通。

你很少跟伴侣去度假,不过有机会去的时候,体验也还不错。但当其他人都达到了完美的水平时,对你来说,"还可以"是不够的。你想增加和伴侣度假的次数,但是你没有钱,或者,有钱的时候,你又没有伴侣。

你们没有足够的钱在一个高档小区买一套好房子,而且你也不敢肯定将来就买得起。你们或许很快就在一个还可以的地方买到了还可以的房子,但是跟你最近看到的其他夫妇买的相比,你的"还可以"就是失败。

你们俩都没有傲人的身材,不过也不算难看。你们只是一对过着平凡生活的凡夫凡妇。尽管你们都挺喜欢各自的模样,但看看其他情侣养眼的样子,你们还是感觉糟透了。

还有家庭。哦,那些幸福的家庭,完美的孩子,完美的家庭收入,完美的家庭间的友谊,完美的假期,完美的着装。

而你,正坐在沙发上盯着手机,把自己的爱情生活跟社交媒体上的精彩画面进行比较。

你必须住手了。

一对夫妇发布了重大事件的照片,他们写下了热情洋溢的情书,向全世界展示他们看似完美的日常生活,但这并不能说明他们就是完美的。说到底,什么是完美?真的有完美吗?完美是不是忽悠人的?

某种程度上算是。尤其是当你那样描述别人的生活或者某些情形时。

• • • • • • • • • • • • • • • • • • • ★ ★ ★ • • • • • • • • • • • • • • • • • • •

现在,让我们用不同的眼光看看社交媒体上的这些帖子。一些迹象透露了并不完美的真相，我们现在就来看看这些蛛丝马迹：

一对俊男靓女在意大利乘船旅行的照片。

这对情侣真的有钱去旅行吗？还是说他们为了这次旅行刷爆了信用卡？如果他们确实拿得出这笔钱，那么他们一开始就这么有钱吗？他们的衣服是自己买的吗？他们怎么会有那么多钱买衣服、度假，还有健身？显然，这些人要保持良好的身材，没时间鬼混，但他们哪里有时间旅游呢？平时一直在工作和健身吗？他们有时间约会吗？我想，他们还会再玩一段时间。但是，他们在整个旅行中都跟照片上一样快乐吗？他们会不会为一些无关紧要的事吵架，比如，是走路还是打车去吃饭？如果他们在度假时毫无争吵，我会得出这样的结论：这对儿不过是机器人。

一对刚刚一起完成又一场马拉松比赛的夫妇的照片。

我不想聊这对儿。有没有人能告诉马拉松运动员，就算不那么引人注目也没关系？谢谢。

一张珍贵的婴儿百日照。

宝宝总是这么可爱、安静吗？父母不在照片中是因为他们不想让人看到他们的眼袋吗？现在的他们是否会因为宝宝哭闹不已而严重缺乏睡眠？他们是不是已经没有性生活了？他们会不会因为压力过大而哭泣？老天保佑，希望绿植能掩盖这一切，对吧？

一对夫妇在教育资源一流的城区的新家照片。自豪的主人在照片上写下了寄语："迫不及待地开启新旅程。"

首先，去你的新旅程，我才不吃这一套。这两个人到底是怎么买得起这套房子的？靠信托基金，还是非法交易？请告诉我。如果钱是靠工作挣来的，这两人有时间约会吗？他们有性生活吗？他们会同时住在这栋房子里吗？他们真的那么幸福吗？他们确实有一栋漂亮的房子，但幸福并不是一栋房子。

一位同事与妻子和两个孩子拍摄的全家福艺术照。

这家人时时刻刻都表现得如此完美吗？还是说，照片经过精心的设计，还修了图？孩子们是不是很难管，他们会对生活抱怨个不停吗？这对夫妻仍然相爱吗？忙碌的生活是否会使彼此渐行渐远？他们还睡在同一张床上吗？

一个老熟人的求婚照。

这次求婚是一场惊喜，还是最后通牒下的无可奈何？说真话。作出这个决定的真正原因是什么？

几家人在巴哈马的度假照。

几个家庭一起度假听起来像矫情的作秀。为什么这么做?这些人之中有没有出轨的?什么时候才会公开?

・・・・・・・・・・・・・・・・・・・ ★ ★ ★ ・・・・・・・・・・・・・・・・・・・

看看吧,对同一件事的看法可以多么不同!没错,我们看到的都只是我们想看的。我们在脑海中编造谎言,欺骗自己,并以此为依据来确定自我价值。

但这样做显然欠妥。假设一切都完美也好,吹毛求疵也好,都要打住。我们必须努力采取一种折中的评判方式,接受事物本来的面目。我们需要专注于自己的生活和感受,不要理会其他的。

一对夫妇的外表和举止如何,他们对外如何展示自己,这些都无关紧要。照片和外表并不能表现真正的关系。这就是为什么社会名流、新婚夫妇和网红情侣分手时,我们总是大为震惊。他们之间的一切似乎都那么完美,但那是因为我们看到的只是他们生活的一小部分而已。他们展露精彩的一面,掩盖糟糕的一面,忽略平淡的部分。我们也许会因此觉得自己不如他们优秀，但事实上，他们也有普通人的问题，就跟我们一样。

真相是这样的。爱情所重的从来都不是外在，它关乎的是感觉。我现在就可以告诉你，唯一可以告诉你这段感情是否完美的人是恋爱中的当事人。他们在网上发了什么并不重要；他们在照片上看起来般不般配并不重要；他们周日午后买菜时的表现是否恩爱也不重要。重要的是他们彼此相爱。

那么，世上有完美的伴侣吗？我想这有待商榷。严格来说，没有什么是完美的。万物皆有瑕疵。但是，如果你认为某个满是瑕疵的东西很完美，那也随你。不要再以貌取人，不要再捕风捉影。有些事情，不身处其中，你永远无法知道真相。

小测验：你的伴侣是普通人还是个混蛋？

经常讲自己的事：**普通人**

一直都在说自己的事，从来不问你：**混蛋**

Chapter 4 / 别把生活当作言情剧

开会时不回复你的消息：**普通人**
因为你开会时不回复消息而对你生发火：**混蛋**

询问是否可以临时取消计划，因为老朋友出了点儿事：**普通人**
为了和新认识的朋友去玩，临时放你鸽子：**混蛋**

把脏碗碟放过夜：**普通人**
即便你提出要求，也天天任由脏碗留过夜：**混蛋（普通人偶尔可能也会这样）**

不去度假的原因是想先存更多的钱：**普通人**
不去度假的原因是对你想去的地方没有兴趣：**混蛋**

别人对你表现出兴趣时会吃醋：**普通人**
别人对你表现出兴趣时会跟你吵架：**混蛋**

抱怨工作，但没换新工作：**普通人**
没有工作，也不想找工作：**混蛋**

你跟别人有约时想了解情况：**普通人**
你跟别人有约时需要向ta报备：**混蛋**

夸赞你的外表：**普通人**
告诉你应该以什么样子示人：**混蛋**

有问题时向你求助：**普通人**
把自己的问题归咎于你：**混蛋**

请求你干活：**普通人**
指使你干活：**混蛋**

搞砸事情的时候嘴上会说对不起，还会发自内心表达歉意：**普通人**
搞砸事情的时候只会嘴上说对不起：**混蛋**

给我等凡人的爱情十诫

1.别与他人比较亲密关系

"为什么我们不像某某一样经常去外面吃饭?"

"其他夫妻、情侣都总是去度假,我们为什么不行?"

"你从来不在社交媒体上发和我有关的帖子,别人都发,你不爱我吗?"

长话短说:没有两段亲密关系是相同的。感情没有一个平均水准,只有你在自己的关系中定义的及格线。每对情侣都不一样,爱情的形式千差万别。你没有在社交媒体上把你的爱情广而告之,不能说明你的爱情就不如别人的。你更喜欢宅在家里而不是出去玩,或者你更喜欢存钱而不是花钱度假,并不能说明你的爱情就很无聊。如果你在这段关系中不快乐,这种情绪跟别人的关系无关,只是单纯地因为有些事情让你不开心了。不要再把注意力放在别人身上了,要想明白你自己是什么样的人。归根结底,最重要的是你快乐。

2.你要明白,想跟你在一起的人总有办法

我觉得浪漫喜剧片毁了我们,我们的词典里多了浪漫喜剧这个概念,但它是如此的不切实际。我们相信了童话故事,相信了哈利和萨莉的爱情[①],我是他俩的粉丝,但如果他们真的想在一起,为什么不早点儿承认呢?

生活不是电影剧本或言情小说,只是一群带着动物本能的普通人为了寻觅心仪之人而已。不要花招,直接爱就行了。如果两人亲昵(不管有没有性),就马上进一步行动。但人通常会有很傻的表现,因为爱情会让人犯傻。也就是说,如果有人想和你在一起,他们会希望和你聊天,和你一起出去玩,和你黏在一起。对于一对普通的情侣来说,不需要事事完美,差不多就可以了。只要差不多了,那么船到桥头自然直,你就不必枯坐着等对方回复消息。

---

① 编者注:美国浪漫喜剧《当哈利遇到莎莉》中的男女主角。二者对男女之间是否有纯洁的友谊各执一词。几经错过后,哈利和莎莉终于认识到,友谊和爱情可以同时存在,最终走到了一起。

3. 相信你的直觉

普通人的世界不需要时时刻刻完美，但如果你感觉这段关系不再那么和谐了，很有可能就该做出改变了。你的直觉不会撒谎。如果有什么感觉不对，那可能就是不对。例如，如果你觉得对方可能背叛了你，那么就有这个可能（但我总是说，兴师问罪前好好过过脑子。啊？我没说过吗？不过现在说也不晚）。如果你觉得你没有恋爱的感觉了，那么也许你真的已经不爱了。总的来说，就是不能忽视你的感受。别忘了，你值得拥有更好的。

4. 给心动一个机会

如果你觉得自己对某人有点儿心动，自然会想去弄明白这种感觉是不是爱情。毕竟，约会就是这样开始的。或者说，过去的约会就是这样开始的，只不过现在会有人在软件上根据对方的长相和兴趣先作筛选。你要先电话沟通，计划线下见面，这些流程完成后，你才可能搞清楚那个感觉到底是怎么回事。老实说，这个过程简直是煎熬，而且很荒谬，因为其实只要面对面几秒钟就能知道你们有没有那种化学反应。初次约会应该讲明白：

"我们在酒吧外碰个头,聊个两分钟,然后再决定我们要不要开始真正的约会吧。"之后的约会可能仍然会糟糕,但你可能已经事先淘汰了一大部分人。不管你是怎么认识对方的,只要你感觉有点儿心动,就去追求。那些人看起来是否平平无奇,这一点儿都不重要,那种心动的感觉才是最重要的。另外,人生而平凡,平凡就意味着不那么打眼,记住这一点。

5.和你的伴侣谈论所有你想要的东西,两个普通人的世界彼此相容很重要

你想结婚吗?你想去旅行吗?你怎么看待孩子?你理想的家是什么样子?你想住在哪里?你如何看待金钱?在恋爱中讨论这样重要的、普通的生活琐事永远不嫌早。你要和一个人携手共度此生,到头来却发现他对普通生活琐事的看法与你完全不同,何苦呢?你要么就早早弄清楚你俩能否为不同的诉求妥协,要么以后就尽量别提这些麻烦的话题,并期待你的另一半最终和你达成一致。但这有一定风险,万一事不遂人愿,说不定就要面临痛苦的分手。更别提,你跟他相处的那段时间原

本可以用来享受单身生活,说不定会遇到一个和你三观一致的人,或者至少一个还不错的人。

6.不能许你一个未来,就让他滚蛋

如果对方不能给你一个承诺,必须离开他。不过说真的,别老想着会出现这种情况,不会的。即便真有这样的人,想一想,这段时间以来他一直在说:"唉,我不知道是不是想跟你过一辈子。在我最后决定之前,你可以不要走吗?"你真的会想跟这种人共度此生吗?我的意思是,天哪,不,你不能巴巴地等着别人来决定你是否会成为他的人生伴侣,你不能在一棵树上吊死,耽误了自己的前程。他犹豫不决的时候,你得走出去,继续你的人生。要是他最终决定跟你白头偕老,而你的未来还给他留有一席之地,那么现在好了,你们可以在一起了。但别傻兮兮地坐着干等。这太惨了,你可不要这么惨。

7.接受不如意

是的,经营关系很难,需要付出努力。但一直努力还总不见成效,总有一天你就得问问自己,这样做可行

吗。有些东西从理论上看起来很完美，并不意味着就是对的。大多数时候一切都还好，并不意味着你就该忽视糟糕的部分。你不能强迫自己或别人想要和喜欢某些东西。你不能强迫别人改变。幸福不能勉强，当然爱情也不能勉强。你能做的就是接纳自己的平凡人生，放下不如意的部分。

8.跟着我念：有时候只有爱情是不够（好）的

没事的。对，我就是要用我的切身经历告诉你，你们也许爱得死去活来，但这并不意味着你们的关系可以披荆斩棘，所向无敌。我上面说了，有时候，只有爱情是不够的。也许你不想放弃要孩子的机会，但你的另一半不想要。也许你们几乎每件事情都要吵一架，你再也不想继续这段"有毒"的关系了。也许你们的世界就是不够融洽，而且永远都磨合不了。不管是什么情况，都没关系。我们人类不是电子游戏里的角色，我们的人生目标不是找到命定之人。并不是只有一个人适合你，所以如果关系破裂了也不要紧，要是你愿意，你可以再一次找到爱。

9.不要幻想不可思议、超凡脱俗的爱情而抗拒平淡的爱情

平淡的爱情也是爱情。你就是个普通人,你的爱情生活也可以是普普通通的。性生活中规中矩,并不是什么错。走在大街上没有手牵手,也不是什么错。爱情没有你们初相遇时那么让人兴奋了,也不是错。这就是生活。你要知道还行与不好之间的区别,因为还行的爱情往往就是最美好的一类爱情。激情太过往往会引火烧身。

10.千万别按照多年前定下的时间表来作决定。普通的生活与爱情的惊喜都要顺其自然

滚蛋吧,时间表!你可以按照自己的节奏来生活,而且你也无法控制任何意外的发生。不想结婚,不想生孩子?没问题。想结婚但还没有结?那就再等等。但是如果你遇到那个改变了你想法的人,那就不要因为还没到时间表上的时候就犹豫不决。生怕太晚才遇到对的人,错过生孩子的时机?那就敞开心扉,看看能否遇到心动的人。不过,也要探索其他选择,不要因为还没遇到真

爱就觉得自己的人生失败了。爱情总是特别的，对不？那么，如果每个想找到爱的人都能同时找到爱，那岂不是不特别了？就是这样的。

很多人都有这样的时间表，比如"26岁订婚，27岁结婚，30岁之前生第一个孩子"。我就是这样告诉自己的。但到了26岁的时候，我并不急于结婚。然后我30岁了，还没准备好要生孩子（不过如果真的有孩子了，而我的银行存款还为负，我也会想法渡过难关）。就在这个时候，我才意识到，原来怎么样都可以。我干吗要着急呢？我想证明什么？各个年龄段结婚的人都有，有的人结几次婚，有的人根本不结婚。尽管生孩子有适龄时间，但只要你愿意，晚一些也能要孩子。

说到底，你需要做到的就是随心所欲；面对生活中的意外，你要从容应对。按照你自己的节奏生活，一点儿都不比一般人过得差。真正让你过得不好的，是你对那些无谓之物的奢望。可你并不特别，你就是个普通人。你是愿意过你本该过的普通人的生活呢，还是去追逐一种永远让你开心不起来的特别人生？我在任何时候都会选择差不多就行了的生活。

大奖

Chapter 5

出来混,谁没点儿光鲜人设

关于网络上的完美人生,我想说……

别人怎么看你,随他们去!

社交媒体焦虑,意为与网上光鲜亮丽的其他人相比,相形见绌,为自己的普通感到焦虑不安。

多年来,我的生活就是起床,查看社交媒体信息,上学或者上班,再查看我的社交媒体信息。对我来说,我在网络上的形象比现实生活中的形象更重要。我觉得社交媒体给了我一个让人喜欢的机会,而在现实中他们也许会觉得我很讨人嫌,或者根本就不会花时间去了解我。社交媒体可能会让人关注到我,可能会让他们觉得我的生活充满活力和趣味,会发现我是一个有内涵的人。

遗憾的是,从论坛到个人空间,从微博到直播平台,尽管社交媒体的玩法多年来变化不断,但有一点没变,那就是大家都渴望在网上给人留下深刻的印象。事实上,这种渴望越来越强烈,人们的竞争也越来越激烈。尽管我们看到的大部分东西都是虚假的、不切实际的、不可企及的——照片是修过的,同一场景的照片拍两百张,选出一张,其他没拍好的都不发出来;有钱的博主满世界旅行——但我们还是拉高了"普通"的标准。

长期以来,我们一直被社交媒体牵着鼻子走,现在必须打住了。一起来探讨一下原因吧。

······················ ★ ★ ★ ······················

我在填写个人资料时总是煞费苦心,希望自己看起来比生活中出彩一点儿。从前论坛上的个人资料过去有婚姻状况一栏,虽然当时我还没谈过恋爱,但总有办法让感情生活看起来丰富多彩。不管是写下"单身,时刻准备交往",还是填上几个小爱心(不超过三个),我绝不会让人知道我的感情生活是多么寡淡无味。

接下来就是美化个人资料页面。当年热衷于装饰个人页面显然预示着我以后会多么喜欢装修我的家。字体颜色、背景色和字体样式对我来说都很重要,凭着这些,我的个人资料就会把其他人都比下去。我没有使用最基本、最普通的字体,我坚信,这些字体就像你在隔壁家居店里买到的艺术墙贴一样平庸至极。我的个人资料(后来还有我的客厅)现代而别致,反映了一个才女的精彩生活,而不是平庸之辈的庸碌人生。至少我希望别人这样看我。

除了精心设计的外观,我还仔细打磨了资料的文本内容。我发布的歌词意在给人留下我很炫酷的印象;我贴出的引言意在让人以为我的生活充满趣味和戏剧色彩,尽管我实际的生活毫无戏剧性可言;我上传的内涵段子意在让人觉得我的社交生活充满刺激,令人上头,尽管我的社交生活乏善可陈。

我的帖子是发给别人看的,又不是给自己看的。要让他们眼前一亮，我就得把自己普通得不能再普通的生活藏起来。但我那普通得不能再普通的生活有什么错呢？

好吧，其实跟其他人在网上展示的东西相比，我的现实生活看起来太糗了，都不好意思贴出去。我的生活不应该是灰头土脸的，应该是光彩照人的。所以我用社交媒体粉饰人生，发布精彩的照片，更新幸福生活的琐事——时时刻刻都在干这些！直到我终于意识到，这个玩法过时了（但它有流行过吗？我也不确定了）。

注册了时新的社交媒体后，我的弟弟问我干吗发那么多照片。

"不就该这么发吗？"我回道。自从20世纪90年代我给自己取了第一个网名以来，我一直处在"过度分享或者零分享"的状态中，也没有别的想法啊。

"不，这人糗了。你应该一天只发一次。"他告诉我。

应该一天只发一次。我应该一天只发一张照片。谁规定的？"我才没必要遵守小朋友定的社交媒体规则呢。"我表面上笑着，脑子却蒙了。我真的发了太多照片了，我得停下来！

这个意识让我后来浪费了好多时间，因为每次我都要纠结好久，发哪些照片，什么时候发。毫不夸张。我从希腊旅行刚回来没几天，就看到超模克莉茜·泰根在网上蛮横地说，回家后就不该发度假的照片了。为了遵守从弟弟那儿学来的不成文的规矩，我度假时一天也最多发一张照片，所以回家后我还有很多照片要分享。泰根来了这么一句，让我又开始不安了。我已经回来了，还能发度假的照片吗？

我曾经是那个在社交媒体上过度分享的人。看我的离线留言，就知道我什么时候在洗澡；看我的线上状态，就知道我先去了图书馆，然后去了啦啦队排练，后来又去看了《真爱如血》。我才不操心发的帖子有没有内涵。我只是单纯地分享了脑海里闪过的每一个念头。

过度分享不再时髦了，我就只发布那些能让自己显得非比寻常的东西。如果在一定时间内这个帖子没有获得一定数量的点赞，我就会删掉它。我过去可不是这样的。事实上，如果你看看十年前我在社交媒体上的动态，就会发现，我在无脑式发帖，根本不管有没有赞。但一夕之间，我的风格就成了在正确的时间发布正确的东西的模样，这样我就可以得到最多的点赞，换句话说，这样我就能得到最多的认可,证明我并非俗人。我很棒!我很成功!我出类拔萃!而且,不仅仅是我一个人沉迷于自我证明,突然之间每个人都变成这个样子了。

在我们还什么都不在乎的时候,生活简单多了。我们为什么变得这么在意?要我说,我们完全是在自毁。

在网上攀比会毁了你。

我发到网上希望引人瞩目的东西并不只有照片。我的职位头衔是另一个社交媒体焦虑的来源,求职网站就是这样定义我们的,虽然职位头衔只是几个字,在不同的公司的含义也有所不同,但看到你的同龄人在更了不起的公司上班,职位似乎比你的更高,这可能会让你很难过,可能会让你觉得自己平庸无能。

长期以米,我都对这些耿耿于怀。比起找一份真正喜欢的工作,我更关注的是谋到一个在社交媒体上能让人眼前一亮的职位。我通过自己的照片和状态获得多少赞来定义自我价值。我看着其他人在社交媒体上发布的内容,为自己的生活似乎没有那么好而自责。

一位老同学在论坛上写道:"我要激动地宣布,今天我得到了梦寐以求的工作机会。生活的确自有玄机。"

一位老同事在个人主页上写道:"官宣——我下个月要搬去纽约了!"

一位同行把相册命名为"罗马→佛罗伦萨→威尼斯→巴黎→伦敦",以此炫耀最近的旅行。

求职网站会告诉我:"詹姆斯换了新工作,在(此处为理想公司名称)担任总监。"

而我呢,时年23,坐在床上,腿上搁着电脑,划着鼠标浏览我订阅的社交媒体新闻,关注着其他人的生活,就是不看看自己的。

我羡慕同龄人,他们的生活看起来是多么精彩啊,我总觉得需要给自己的生活加点儿料。无论是搬到更好的地方,住进更大的房子,背更昂贵的包,还是更频繁地度假,我都必须让自己看起来不像自己认为的那么平庸。

这就是我的社交媒体焦虑所引发的债务增长的原因。度假、昂贵的葡萄酒、有机食品、精品健身课程、"负担得起"的设计师手袋、时尚服饰、2011年至2016年在百货商场买的每一双凉鞋、家居装饰、该死的靠枕——只要看起来能让我变得比以前更出众的,就统统被我纳入囊中。

从外表看起来,我正趋于完美,但我的内心要崩溃了。

"其他情侣都去度假。我们为什么不去呢?"我在沙发上刷着社交媒体时会这样对丹说,"这太不像话了,我们从没一起做过什么好玩的事儿,我们甚至都不约会了,干吗还在一起?"

"别和其他情侣比。"他会这样回答。

但我就是想不开。其他情侣在夏威夷、巴哈马、意大利和巴黎的幸福照片充斥着我的各种社交媒体。这些照片让我怀疑起我的感情。

为什么我们不能像其他情侣一样有钱去旅行?我们有哪里出问题了吗?我们连约会都很少,难道不该多约会吗?我们是不是对彼此太抠门了?这是不是意味着他不爱我,或者我不爱他?他赚得不够,无法给我快乐?我赚得太少,无法让自己开心?我俩会有赚够的那一天吗?

有一次,我换了一份薪水更高的工作,说服他一起去迈阿密旅行庆祝。我的想法是,先用信用卡支付旅行开销,回来工作后再用涨的这部分薪水还款。于是,我们在一个高级酒店以惊人的价格订了一个房间,计划着另外再带几百美元的零钱。我们以为整个旅行只会有600美元左右的信用卡账单,可是,到达目的地的30分钟内,一人一杯25美元的玛格丽特酒的小票就送上来了。很快又是一堆收银小票:沙拉30美元,牛排75美元,酒水100美元。我敢肯定,他到今天还在为那次度假的惊人开销愤愤不平。

这趟旅行带来的债务、焦虑和争吵,回家后我会告诉别人吗?绝不可能。相反,我把我俩在镜头前微笑的照片发到网上。我发了房间阳台上的海景照片,还有我的单人照,是穿着我在旅行前两周特意从头到脚搭配的新行头拍的。

我在社交媒体上给别人的印象是,我混得风生水起,感情生活也很稳定。现实却是,我背负着不必要的信用卡债务,这伤害了我和伴侣的感情。

这次旅行之后,让自己的生活看起来更光鲜亮丽的愿望越来越强烈了。我希望人们来到我的个人首页,看到我成功的样子。看看我那一身精心搭配、价格不菲的时髦服装,看看我那天南海北的旅行,看看我那真情实意的爱情,也看看我那令人羡慕的家庭生活。还有朋友!那么多朋友!我越来越费劲地撑着门面,我的同龄人可能也跟我一样在装,但我从来没有想过他们也是装出来的。我一门心思以为他们都比我过得好,而我是唯一那个打肿脸充胖子的人。实际上,我现在还在装。

看到社交媒体上的同龄人总是跟朋友一起出去玩,我会嫉妒。你知道这有多疯狂吗?我现在已经不像过去那样频繁地约朋友玩了,但我敢肯定,从我在社交媒体上发布的照片来看,网上的人肯定会觉得我们一直都在聚会。我们过去每个周末都会见面,但现在,一两个月才聚一次。

看到有人又去了他们愿望清单上的一个国家旅行时,我会嫉妒。因为在未来的几年里,我可能都在为上次的希腊游还债。我的意思是,我在圣托里尼岛上发的照片十分完美,但这并不意味着我的生活也完美。

看到一对模范情侣总是外出吃饭,总是跟其他看起来很相爱的情侣一起出去玩,我会嫉妒。但别人看到我和丈夫的照片也会以为我们过着这样的生活,不然照片上的笑脸还能说明什么呢?

看到别人在家做健康晚餐的照片时，我会嫉妒。尤其是在我三个星期没有做饭、一直在点外卖的时候——不过有谁会知道呢？我过去常常打着#在厨房成长#的标签上传我的减肥餐视频。让我告诉你这个栏目背后的故事吧。我一年里，做了八顿饭，决心成为下一个家政女王玛莎·斯图尔特。唉，我没有做到。我犯懒了……我嫉妒每一个在社交媒体上做饭的人……然后我开始觉得自己很差劲。但是为什么要这样想呢？

我会这么想真是扯淡，任何人会这么想都是扯淡。我又不是唯一一个协调不过来朋友见面时间的人；我又不是唯一一个刷信用卡旅行的人；当然，我也不是唯一一个对自己的爱情不是百分之百满意的人。这一切都很平常，也很正常。只是，出于某种原因，我们会试图掩盖自己很普通的事实，可遮遮掩掩反而伤害了自己。

不再追求完美，开心地做回普通人。

事实上，每个人都常常会觉得自己很平庸，许多人都会努力在社交媒体上美化自己和自己的生活。于是，我们继续用谎言粉饰现实，并且依然认为自己很平庸，因为我们忘记了我们比较的对象可能也在用谎言粉饰现实。

你真的以为你关注的旅游博主总在旅行,周末从不打扫卫生,从不想念他们的家人和朋友吗?你真的以为你喜欢的时尚博主不会为了购物而欠下债务吗?你真的以为你认识的每个人都有幸福的情感生活吗?你真的以为每个说自己发财的人都真的赚了大钱吗?

人们都在说,社交媒体对社会的负面影响变得越来越大。我们担心孩子们会在这些平台的裹挟下长大,就好像我们自己没被裹挟过似的。但问题不在于社交媒体,问题在于社交媒体成了我们编织谎言的舞台。

小学三年级时,我给自己起了人生中的第一个网名,从此以后我就一直精心打磨自己在网上的形象。九岁那年,我在舞蹈课上无意听到同学们在背后说我很烦,从此以后我就一直担心别人是怎么看我的。自从第一次拿起杂志以来,我就一直在拿自己的身材和其他女孩的身材作比较。

我们都需要意识到的是,就像我们把自己的身材跟杂志上那些经过修饰的照片作比较一样,我们也在把自己的生活和那些经过美化的生活作比较。人们美化他们的关系，粉饰他们的幸福。他们用文字和图像编辑自己的故事，绝不给别人机会看到那些被删除的场景。他们分享他们想要分享的东西，而我们这些粉丝，把他们的故事当成事实，当成真实的他们。

我总在想，如果我不在乎这些了，又会怎么样呢。管他呢，被人看到我天天穿同一套衣服，我才不在乎呢；被人看到我在海滩上穿着比基尼拍的丑照片，我才不在乎呢；我的工资只有我大多数朋友工资的三分之一，我才不在乎呢；我没有足够的钱买一栋漂亮的房子，而我的许多同龄人一直在网上高调地宣布他们的投资，我才不在乎呢。

其实，真相是，没人关心我们有没有钱、身材好不好、衣服美不美，除了我们自己。没有人会因为我们有一个名牌包或者能够去欧洲旅行就觉得我们是成功人士。如果我们当初能从网上聊天吸取教训就好了。没有人在乎我们个性签名上的歌词，也没有人关心我们在个人资料里把朋友的名字填得满满的。我们那些酷酷的网名一个都没有吸引到新朋友，我们放在个人资料中的那些假装自己有男朋友的签名，也没有帮我们真的找到一个男朋友（什么，只有我这么干？好吧）。

我们在现实生活中结交朋友。我们在现实生活中培养兴趣。我们在现实生活中创造事业。我们在现实生活中有时快乐，有时悲伤，这没什么。我们不是机器人，我们是有血有肉的人。

我所期望的只是，不要再玩弄彼此的情绪了。我们可以炫耀，可以分享丰富的感情生活，可以发自拍照，但请不要再撒谎了。不要再夸夸其谈，以此掩饰自己的普通。要记住：你永远无法真正了解别人的真实生活——别管照片或状态更新中发生了什么，那都是你的猜想。如果抱着更现实的态度，我们也许就会学会区分谎言与真相，以不同的方式看待事物。然后，也许，只是也许，我们能够接纳普通的自己，接纳普通的他人。

这些年来，互联网给你带来了多少社交媒体焦虑？

自测表

符合请勾选，每勾选一项，记1分。

____你羡慕别人晒出的优于常人的生活。

____看到别人有很多朋友后，你怀疑自己的朋友是否够多。

____有人在网上发了一张没给你修过的照片，你感到很生气。

____你绞尽脑汁地斟酌在社交媒体上该发布哪些出彩的照片，又该隐藏哪些比不上别人的照片。这活儿让你抓狂。

____你删除了社交媒体上的一张照片或一篇帖子，因为没有得到高于普通水平的点赞。

____你在一个月内更改了两次以上头像，希望它看起来更有魅力。

____你花了五分多钟修了一张自己的照片，看起来比普通人美了。

____你社交媒体上的帖子下互动不多，所以你觉得人们不喜欢你。

____没有"足够多"的人在线祝你生日快乐,所以你很沮丧。

____在线上给人发消息或者回复别人时,你反复斟酌该怎么说,感到很紧张,因为你担心别人觉得你"不过如此"。

____你故意忽略了一条消息,因为你觉得如果马上回复,会让自己看起来太着急了(或者是因为你很焦虑不知道说什么才好)。

____你不明白,为什么就不能像标记电子邮件那样标记线上的消息呢,这样就能知道哪些需要稍后回复了。

____你在网上发布了一些东西,试图让你的感情生活看起来比实际的多姿多彩。

____你在网上发布了一些东西,试图让你的家庭看起来比实际的更幸福。

____你在网上发布了一些东西,试图让你的社交生活看起来比实际的更出彩。

____你在网上发布了一些东西,试图让你的财务状况看起来比实际的更亮眼。

____你希望你的生活更精彩,这样你就有更多的东西可以发到网上了。

____你曾多次查看前男（女）友的社交媒体信息，想看看自己是不是过得比ta好。

____你曾多次查看你另一半的前任的社交媒体信息，把ta和自己作比较。

____你曾多次查看前男（女）友的现任的社交媒体信息，把ta和自己作比较。

____你会焦虑于，对方是否能看到你查看他们个人信息的次数。

____你拒绝浏览社交媒体上的某些相册，生怕一不小心就点赞了。

____你拒绝让别人用你的手机看你社交媒体上的内容，担心他们会不小心给别人点赞，让你看起来像个连社交软件都不会玩的人。

____你让别人用你的手机看你社交媒体上的内容，对方滑动页面时，你会感到惊慌，才几秒就嚷着叫人把手机还给你。

____你会翻看自己在社交媒体上的操作记录，检查自己有没有干什么没水准的事情，比如不小心给一个不该关注的人点赞了。

____生活中发生了不小的变化但无关紧要,可你感到很沮丧,因为社交媒体上的人会知道这个事。

____你在某论坛(某微博)上吐槽过某微博(某论坛)开发得太差了。

____手机没电了,你无法查看社交媒体,只能干坐着思考还能干点儿什么。

____没网了,登录不了社交媒体,你快急哭了。

____你讨厌互联网,因为它给了你社交媒体这个平台。

____你热爱互联网,因为它给了你社交媒体这个平台。

• ★ ★ ★ •

0分:零焦虑,但你可能撒谎了

你上网吗?不上?你是前互联网时代的幽灵吗?肯定是的。快离开这里吧。

1~5分:轻度焦虑

如果你在做自测表时没有撒谎,那么你表现得很不错。有时沉迷于每天都用到的东西(比如互联网)是正常的,有时把自己和别人作比较也是很正常的。只要你不过度沉迷于这些事情，不为此感到恐慌，就没什么影响。继续保持。

5～15分：中度焦虑

你有时会被互联网控制，但也有个好消息，那就是并非总是如此。以前，你可能更关心互联网上的事情。现在，在网上看到别人的生活后，你有时会质疑自己的生活，但你是有自我意识的，知道自己在做什么，不会让自己过度内耗。只要不断提醒自己，"网上的东西又不都是真的，只是虚拟的而已"，你就会没事。

15～25分：重度焦虑

好吧，一个名为"网瘾"的小东西也许将你逼到了崩溃的边缘，但你还没走到那一步。也许是因为你意识到了自己的想法不健康，及时悬崖勒马；也许是因为你不再过度关注网上的东西了，因为你明白现实和网络总是不一样的。然而，你还是会想：如果网上的都是真的呢？如果人们不喜欢我怎么办？如果我们的感情是虚情假意呢？如果我的生活比同龄人的都糟糕怎么办？别再想这些了！快下线，把手机收起来，到外面去，闻闻玫瑰的花香。如果没有玫瑰，就闻一闻空气的味道。

25分以上：极度焦虑

你好，我叫萨曼莎，今天我将给你做一次网瘾干预。你需要尽快与科技切断连接。是的，没错。收起电脑，收起手机。你需要彻底休息一下。很明显，自从你可以上网以来，互联网一直很让你头疼。很明显，你需要退网一段时间，做回没有网络时的那个自己（如果你出生在互联网出现之前的话）。网上的一切并不都是真的，并非所有在线的用户都在关注你。

在社交媒体上，人人都比你过得快乐吗？

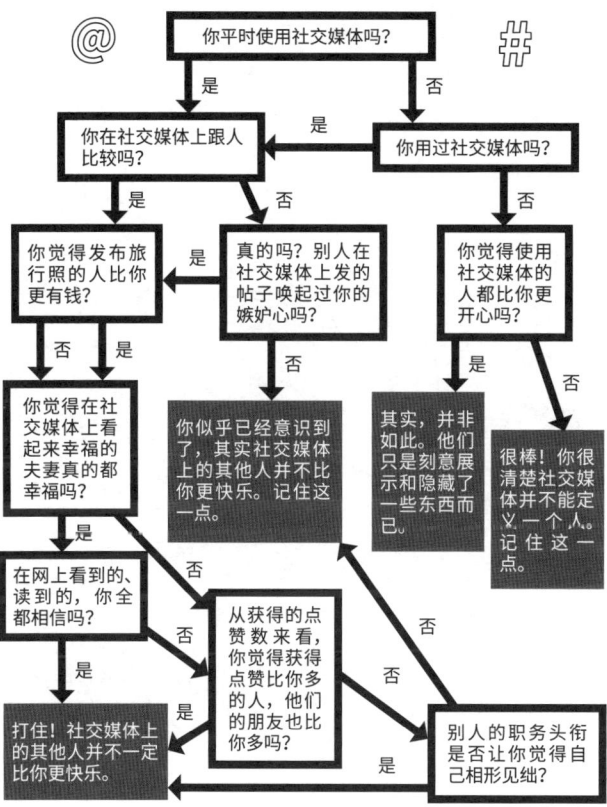

······ 大奖 ······

Chapter 6

一无所成？那是错觉！

关于普通人的高光时刻，我想说……

致普通的小时候的自己

亲爱的九岁的萨曼莎：

嘿，是我，长大后的你。一切都很好，谢谢你的关心。不过，我应该让你知道，我们没有养猫。我们住的这栋公寓楼不准养猫，真讨厌，不过我们想搬家后养一只。我希望让你知道我们还是愿意当"猫奴"的，你会骄傲的吧。很疯狂，对吧？尽管生活中发生了那么多变化，我和你还是那么像，就连梦想都一样：成为一只猫。猫是我们写在幼儿园毕业纪念册上的理想职业。有趣的是，在那么小的年纪，我们就知道这只是一个比喻，是永远无法实现的梦想。我们只是想整天睡觉，差使别人喂饱我们的肚子，大喊大叫直到得到我们想要的东西。这个梦想不管是在你所在的过去还是我所在的现在，都是完全可以接受的。

看，你很有趣。别因为普通，就觉得自己毫不起眼。你只是个普通人，但这也说明你很正常。几个星期前，舞蹈课上课前你听到别的舞蹈室里有女生说你很烦人，让她们滚蛋吧！（很抱歉爆粗口了，但说实话，这不是什么新鲜话了，我们学会说的第一句话就是'我要尿尿'，所以我们天生嘴巴就不干净）。是的，你很烦人；是的，你话太多了。但这些都很正常，它们会帮你走好今后的路。不要因为害怕别人不喜欢你就隐藏自己的个性。不要试图成为其他人的样子。做一个普普通通的自己，幸福就会随之而来。

继续热爱你普通的兴趣爱好。继续谈论你喜欢的东西。继续看那些让你发笑的东西。课间继续听辣妹合唱团。继续听声名狼藉先生和艾尔顿·约翰的歌,这会让你的兴趣发展更全面。哦,对你爸爸好一点儿。他陪你听了辣妹合唱团、超级男孩和后街男孩的演唱会,对他多表示一些尊重。

继续用那本小小的碎花日记本写日记吧,继续在你的黑皮笔记本上记下想到的故事。你可能觉得自己的生活太平淡了,不值一提,但只要继续写下去,你就会发现以前的想法都错了。总有一天你会触及什么,可能是你的灵魂,你自己。只不过现在的你还不知道而已。

在成长的路上,请永远不要怀疑这一点:你就是一个了不起的人。你聪明,漂亮,有天分,第六感敏锐——呃,我说的不是饥饿感,是你的直觉。你也许不是最出色、最引人注目的,可当你找到适合自己的"中不溜地带",你就会知道这是最好的安排。

亲亲抱抱。

萨曼莎

普通但值得引以为傲的十大成就

1.受过教育

我想这要归功于我的父母,尤其是我的妈妈。每天早晨闹钟响了我总要赖床,妈妈大概要催促我个十七八次,我才会起来。要不是她每天喊我起床,我肯定读不成书,因为全睡过去了。能够毕业,能够每天早晨努力把我懒惰的屁股从床上挪开真的是一大成就。

如果你也能在大清早爬起来上学,你应该感到自豪。即使起大早对你来说很容易,你也应该为自己去上学而感到自豪。无论你是以优异的成绩毕业还是借助了先修课程①的分数都不重要。你参加过什么活动,上过什么大学,都不重要。说真的,没上过大学也无所谓。没必要

---

① 编者注:先修课程指AP课程,是由美国大学理事会在高中阶段开设的具有大学水平的课程。AP课程能从宏观上反映出高中生对自己学术水平设定的挑战,以及对后续学术研究的规划,是名校比较看重的录取参考项目。部分大学允许学生将AP课程的学分转化为大学课程学分,从而降低了学生大学毕业的难度。

因为学历一般就觉得自己低人一等。你上过学,就学到了一些东西。因此,你就是一个受过教育的人。这就值得庆贺。

2.在众多求职者中,你被录用了

为什么是我?我发觉自己经常问这个问题。比如,当我的脚趾踢到床角,上着网突然掉线了几秒钟,正追的电视剧断更,还有公司在一堆求职者里选了我时,我都会问:为什么是我?求职的时候,我从来没有十拿九稳的把握,因为肯定有比我更适合的人,肯定有比我更出色的人,但这些工作最终被赐予了我。是的,被赐予的。工作机会是一种荣誉。

在哪里工作,具体干什么工作,都不重要。在众多求职者中,普普通通的你被他们选中了,这就是一种荣誉,把你的工作当成你赢得的荣誉吧。然后,当你在公司里工作了一段时间,想跟你的同事一起吐槽老板有多糟糕时,别忘了工作是他们赐予你的荣誉。他们也不是真的那么糟,对吧?他们选中了你。如果他们真有不是,至少他们在招人这方面的眼光还是不错的。

3.挣到足够的钱来结账

即使这是我目前仅有的钱,但我至少是有钱的,而且够花了(是只有我这样,还是我开始变得像甜饼怪一样自律了①?)。请叫我自给自足的萨曼莎,因为我付得起账单。除了还没买房子,我基本上算得上是碧昂丝歌里唱到的"独立女性"②了。不过,我还是希望有一天能买一套还可以的房子住。

无论是付什么账单,电话费也好,医疗费、养车费、房租还是房贷也好,只要你能定期为一些重要的东西买单,你就该感到自豪。我懂,我都懂。普通人生活的一大组成部分就是付账单。但如果你不够好,就没钱买单。所以,为自己不错的表现好好夸夸自己吧。不需要等到挣了大钱买得起大件了才表扬自己。

---

① 编者注:甜饼怪是美国儿童节目《芝麻街》中的角色。他酷爱甜点,口头禅是"we want cookie"。节目后期,甜饼怪学会了自律,开始接受各种营养丰富的食物,再也不一见饼干就往嘴里塞了。
② 编者注:碧昂丝在歌曲《独立女性》中唱道:"我自己花钱买乐子,我自己付账单……我脚上的鞋,是我买的;我身上的衣服,是我买的……我住的房子,是我买的;我开的那辆车,是我买的。我依靠我自己,我依靠我自己。"

4.开一个储蓄账户

当你差不多把全部薪水都花在各种账单上时,很难想象你能存得下钱来。如果可以的话,我会回到第一次收到工资单的时候,从那时起每周存15美元。如果我15年前就开始存钱,不动这个账户里的钱,那么现在我已经存下不止一万美元了。不过是每周少花15美元,还不及我五天里喝掉的咖啡钱多。太赞了。

看,一点点就够了,积少成多。所以,如果你正在做最低限度的储蓄,那也足够了。你也许没有专家说的这个年龄该有的那么多钱,但至少你还有些钱,为自己感到自豪吧。一分一毫都很重要。享受储蓄吧。

5.没人帮忙就灭掉了虫子

好吧,其实我还是害怕虫子,但我已经靠自己干掉过虫子了,再来一次也没问题。你听到了吗,蜘蛛?我是一个可以杀死蜘蛛的强大的独立女性,谢谢您。

6.定期打电话预约看牙

我有五年没去看牙了,因为我一直在把我的预约往后延。太傻了。不知道为什么,我待办清单上的事情永远干不完,每天都在增加,所以我总是选择做那些当下就能看到好处的事情,而一直忽略打电话给牙医这样的小事。当我能够从内心认可应该优先处理"看牙"这个任务时,我的牙已经"发飙"了。那次看牙简直就像下了地狱。其实我没有蛀牙,但我在那里待了差不多两个小时,就等他们给我把牙齿上的牙垢、结石之类的东西刮掉。就像我希望自己早就开始存钱了一样,我真心希望在过去这五年里,我能留出哪怕一丁点时间去看牙医,而不是回避,因为那样的话我这次就不用刮牙了。

如果你有一项小任务要做,无论是预约医生、理发、打蜡、晒太阳,还是其他什么,做了就要给自己点赞。小小的成就十分重要。不必为了更重大的事情而拖延了这些小事。

7. 与朋友保持联系(即使你有时忘记回复他们的消息)

你的朋友可能不是最多的,也不是最优秀的,但只要有朋友,那就够了。毕竟,也不是非得做得最好才有资格感到自豪。有一个ta在意你,而你也在意ta的人,是这辈子最特别的事情之一。每次发现这么特别的事情，都应该庆祝一下。

有时我会陷入一种情绪，觉得没有人想跟我联系，所以我就不联系任何人。我坐在那儿，觉得自己没有朋友。但回过神来，我提醒自己，我是有朋友的。我的朋友不算太多，这不要紧；我没有紧凑的社交生活，没有时时都在跟朋友约会，这也不要紧。我有可以联系的人，有关心我的人，因此，我真的很幸运。当然，就像任何普通人一样，我也会沉浸在自己的生活中，忘了回复消息，或者一连推掉了好几次周末的聚会，又或者几个月都没见过某些人，但这并不意味着我不在乎他们。如果有人告诉我他们需要我，我会瞬移到他们身边。开个玩笑，我倒是希望能有个传送门。但你能明白我的意思吧？没有人会读心术，友谊需要努力维护，只要你付出了努力，就足够了。加油。

8. 自己做饭

你懂的！那些对别人发布做饭照片叽叽歪歪的人快滚蛋吧！人家做了一件事，想炫耀一下，这跟有些人发的新生儿出生、找到新工作或者订婚的帖子有什么区别？好吧，我知道那些事比照着超模克莉茜·泰根的食谱制作通心粉和奶酪要严肃一点儿，但庆祝生活带来的小小成就有什么错呢？

我们一心只赞美那些足以改变人生的重大事情，以至于有时为掌握一项简单的技能高兴的同时还觉得可悲。但让我告诉你，学会煮金丝绞瓜真的是一个巨大的成就；在一整天的工作后，还能有力气在炉子上炒辣椒也是一大胜利。而且，就算我要举着台灯来打光拍照，那又怎么了？我们可以用各种方式，随心所欲地庆祝，只要不忽视我们的小成就，就很棒。

9.愿意做才去做

有一种快乐与其他任何快乐都不同，那就是你能够对不想做的事情说"不"，对喜欢的事情说"是"。不想去那个聚会？说"不"。不想看那部电影？说"不"。不想再在这一行工作了，但觉得只能做下去，因为你这辈子都耗在这上头了？对自己说"不"吧，然后去尝试任何可能会喜欢的事情，对它们说"是"。

长久以来,我都对那些不想参与的聚会说了"是",因为我害怕错过高于一般水准的社交生活。我选择的职业并不是自己热爱的,因为我觉得要从同龄人中脱颖而出,我就必须干这个工作。但是,当我努力工作试图给别人留下深刻的印象时,我忘记了最重要的人:我自己。当我意识到那些不能给我带来快乐的事情没有任何意义时,我就不再做那些事情了。在这之后我才发现,没有人在乎我没有去参加聚会,没有人认为我改行是一种失败。事实上,除了我,没有人在乎。你这辈子唯一应该取悦的人就是你自己。做到这一点,你就能同时取悦你在乎的人和你自己,获得一个双赢的结果。赢了之后你该做什么?庆祝呀!

10.快乐

这辈子最值得骄傲的是你的幸福快乐。真正的、正当的幸福快乐,也会融入其他人的生活。发自内心地微笑吧。我知道,笑着笑着,皱纹会爬上我们的脸。说真的,我妈曾毫不给面子地告诉我,我长皱纹就是因为笑得太多。也许我妈说的是对的。但就算是这样,大家也可以这么理解，微笑是我的脸在庆祝快乐。其实，我并不总是在微笑，也不总是快乐的。有时我感到孤独，有时我觉得自己像个骗子，有时我觉得自己很失败，有时我觉得自己一无所成。但事实上，我不是这样的。照我说，考虑前面列举的所有成就，我真的算是一个很不错的人了。我不是自己圈子中最优秀的人，但这并不意味着我做错了什么。

我的人生和许多人的一样，有起有落。有些人甚至会经历大起大落，但不管怎样，我们都在生活，不妨在生活中寻找一些快乐。如果你能找到那种珍贵的感觉，如果你能不再纠结于没做的事和没按计划进行的事，如果你能停止与他人比较，如果你能不再为自己终归是个"普通人"而难过，你会微笑的。你可能会长出一两条皱纹，但长皱纹多正常啊，你也是常人啊。普通并不意味着你的生活就原地踏步了。你已找到了当下的快乐，并不意味着你在生活中不会找到更多的快乐。你会找到更多快乐的，只不过在漫漫人生旅途上，此刻的你也是快乐的。

只要情绪到了,我就会庆祝自己当下的快乐。尽管我现在还没有达成理想,也许我永远都实现不了一些期望,但管它呢,我会去尝试,我会继续努力——无论成功还是失败——我会为前行路上取得的所有成就展颜微笑。

结论 你的世界你说了算

你好！欢迎来到最后的部分！终于要读完这本书啦！你又取得了一项可引以为傲的普通成就。好好表扬一下自己吧。来杯小酒，小睡一会儿，追一部新剧。无所谓你做什么来庆祝，只要你承认，是的，你就是普通人，但正因为普通，你也非常优秀。

最后，来听听我总结的这些原因吧。

普通并不等于糟糕

做个普通人并不意味着你失败了，也不意味着你一文不值。是的，你也许不会成为亿万富翁，也许不会声名远扬，也许永远也无法掌握某项谋生技能，但你有一份工作，有一些钱，还有挺多亲朋好友。

上幼儿园的时候，老师会问每个人长大后想做什么。你现在的生活跟当初想象的并不一样，但这没什么不好。可能当初就有人告诉过你，你的梦想都是扯淡（我的父母就这么说过。我当年就大声对父母说，我想变成一只猫，想出名），但大多数人没被这么提醒过。不过，现在我们知道现实究竟如何了。

也许，如果从小就学会努力寻求一个中不溜地带，我们就不会成为今天的样子了。也许，如果人类不把成功局限于梦想成真，就不会在没有实现梦想的时候感到失败了。人只有在头脑还不清醒的时候才做梦，梦想只是在你的脑海中的一幅全息图，不是真实的。梦想有一天会成真吗？当然，也许会。但如果梦想没有成真，你就是一个糟糕的人吗？不，你只是普通人，你很正常，你一切都好。

你不必非得成就一番事业

普通人也会有所成就。是的，我们不会在每一件小事上都表现得很出色，但偶尔也会做出一些令人赞叹的小事。是的，我们并不完美，但在某些时刻我们会觉得自己很棒。

如果你把自己的生活和那些在很多方面都非常成功的名人的生活进行比较，它似乎就不那么成功了。这很正常，但这并不意味着你的生活不好。你只不过不属于那1%的天才，他们有超凡的天赋和意志力，可以成就任何令世人瞩目的事业。但你也是正常人。

正常并不意味着你做不了了不起的事情。你做的那些事情也许比不过一些名人做的（谁知道呢），但对你来说，这些事情就是了不起的大事。说实话，你觉得重要才是最重要的。

有时候，普通比卓越更好

追求卓越有时真的是一场彻头彻尾的骗局。随着成功而来的是一大堆责任。钱越多,问题就越多。如果你有更多的钱,你就有更多的事要处理,也许是你高薪工作的职责,也许是为了打拼事业而必须处理的税务问题,甚至是在中彩票后应付那些从不来往却突然登门的亲戚(我猜,中彩票后总有这样的事儿发生)。

这也不仅仅是钱的问题。卓越的人往往会做一些疯狂的事情,比如凌晨四点起床开始一天的工作。我不要这样,谢谢。

有些人的饮食严格控制热量,为了傲人的身材,几乎没有给比萨和炸薯条这些美食留任何余地。而我给它们都留好了位置。

有些人支付了高昂的费用来聘请私人教练,在恢复健康的体型前,他们都得被教练大喊大叫地逼着练。哈哈,我的感受就好多了。我想去健身的时候就去,不想去的时候就窝在沙发里。

名人出门必定有随从跟着。想象一下,如果你出名了,周六早上就不能独自去百货商场,不能推着购物车在家居店自由自在地闲逛,还不能随便把购物车里的东西拿进拿出,因为别人肯定会注意到的。不过你也不会干这些了，因为那时的你已经和普通人大不一样了。

相反，做一个普通人意味着你可以随心所欲，不会被任何超高期待所束缚。你可以做你自己，这很棒。

承认普通会激励你为了耀眼的成就而奋力拼搏

如果你认为自己很重要，就会希望不劳而获；但如果你知道自己并不特别，你就更有可能为理想而奋斗。

你不会抱怨工作，不会因为每天都来上班、做了该做的事情而没有升职而感到诧异。如果你真的做出了一些突出成绩，值得拥有这个升职机会，那就去争取。但你也明白，没争取到也没关系，你现在的状态就很好，早晚会升职的。

你不会坐在家里，奇怪为什么好像自己没有朋友，也交不到新朋友。无论发生什么，你都会走出去，并对自己的努力感到满意。

你明白，你只是一个在普通世界中过着普通生活的普通人。如果想摆脱普通，你最好奋力拼搏。

当你接受了自己的普通,成功会更甜美

你人生的各个时期都有一些特别的时刻,是什么让这些时刻闪闪发光的?是什么让这些时刻变得与众不同?起伏是相对的,画一张图看看吧:没有低谷,就没有波峰,如果人生平淡得就像一条直线,那还有什么乐趣呢?

成功和你在别人眼中的样子无关。当然,给别人留下深刻的印象肯定感觉不错,但是如果你接受了自己的普通,那么别人怎么想又有什么要紧的呢?

成功所带来的快乐也未必始终令人满意。拿我生活的波士顿来说吧,我们赢过橄榄球锦标赛,而且是很多次。但我可以明确地告诉你,随着获胜次数的增加,虽然大家依然会开心,但胜利的欣喜在递减。赢得比赛是我们这里的常规操作。一些球队即便输了,也会庆祝自己进入超级碗大赛,而一些(或者许多)爱国者队[①]的球迷会因为他们输了超级碗的某场比赛而生气。我并不是

---

① 编者注:爱国者队是一支位于美国马萨诸塞州波士顿的美式橄榄球球队,曾获得第36、38、39、49、51、53届超级碗冠军,并保有美国国家橄榄球联盟常规赛最长连胜纪录。

想回到波士顿冠军旌旗稀少的日子,但我还是要说,第一次胜利游行要比第五百次胜利游行更令人兴奋。胜利依然令人欢喜,只是不那么令人兴奋了。

不期而至的赞美更甜蜜

平均水平就是七分的水平。人们对你的期待也只是做到七分而已,普通人要有这样的觉悟。

如果你在某件事上只得到七分,为什么还指望别人为你庆祝呢?你难道不该得到七分吗?这不就是人家雇你工作的原因吗?你不过就是完成了一份本职工作,结了婚,当了爸妈,有几个朋友,凭什么就想因此受到表扬?为什么你总是执着于给人留下深刻的印象,而不愿意做自己?

如果你在某件事上做得非常出色,你当然可能会因为超出期望而得到认可。但这不应是你追求的目标。相反,你应该致力于做到七分,其间如果超出了自己的期望,你会很开心的。抱最好的希望,做最坏的打算,立志高远,但也能接受"差不多"。

每个人眼里的普通都不一样，你的普通你定义

普通意味着你很正常，意味着你和其他人一样。但每个人都是独一无二的，这不就意味着普通也不一样吗？无论你是怎么定义普通的，它是否都独一无二？

答案是，没错。

功成名就的人定义的普通和你的不同，即便是两个成功人士，他们对于普通水准的看法也不相同。

无论你是谁，你对普通水平的看法都基于你对世界的认知，但事情并不都像表面上看到的那样。不同的人对同一件事也会有不一样的感受。所以，在定义普通的标准时，你只需要考虑自己的感受，毕竟这是你给自己定的。

你的普通水平应该是你的正常表现，应该是小成就和你需要付出巨大努力才能获得的成功之间的一个中间值。永远不要认为普通是不好，因为这个标准也需要你达成一些小成就，只是留出了更大的成就，让你为之更加努力。它已经足够好了，而普通的你也已经足够好了。

下次你的大脑想否定你时,你得提醒自己这一点。

•••••••••••••••••••• ★ ★ ★ ••••••••••••••••••••

那么,这本书到底要告诉你什么?

普普通通并不可怕。

成功可能反而是一种负担。

普通实际上相当不错。

谢谢你看完这本书,爱你,再见。

致　谢

首先，我要感谢每一个走进我的生命、在我生活中留下痕迹的人。无论好坏，没有你们，就没有这些文字和故事。对于书中提到的人（你知道我说的就是你），感谢你们所做的一切，感激不尽。

感谢我优秀的编辑劳拉·马泽一路以来给我的指导和支持，你是我的伯乐。还要感谢海豹出版社和阿歇特出版集团的其他成员。

我只是一名资历尚浅的作者，社交媒体上的粉丝数量也一般般，如果没有杰出的代理人埃琳·纽玛塔在我身上押宝，就不会有这本书。谢谢你，谢谢你帮助我达成梦想。此外，感谢克里斯蒂娜·卢波，是你这位优秀的助理，在一堆言情小说中发现了我的稿子，你读了我的稿子，建议艾琳也读读看。非常感谢你发现了我。

如果没有我那些优秀的朋友，我写下来的生活就不会这么有趣。感谢你们每一个人，让我的生活变得更加灿烂。感谢你们还在我身边，即便在写这本书的时候，我在维持友谊方面的表现也不算多好。特别要向被我逼着读了草稿的朋友和同事致敬，你们还被迫给我提了意见。是你们的支持让我坚持了下来。总有一天我会给你们一人买一座岛。开玩笑的。不过你们可以假装收到了嘛。

感谢我的弟弟们装作很兴奋地读了这本书。如果你们真的已经读到了这里，打个招呼吧。你们好啊！泰勒，感谢你一直陪在我身边，也感谢你没有自己写一本书来让我显得相形见绌；乔希，谢谢你一直鼓励我做点儿了不起的事儿；尼克，谢谢你喜欢我写的第一个故事（一个电视剧的剧本），这给了我继续写下去的信心。而且，你当时才八岁？那些回忆啊！

我的写作技巧要归功于我的母亲乔迪。您让高中时的我改写了所有的作文。如果没有您严格要求我阅读所有的修订内容,我今天可能连一个像样的句子都写不出来。谢谢您,妈妈,谢谢您让我变得更聪明,给了我信心,也谢谢您成为我最好的朋友。还要感谢我的爸爸比尔,多亏了您,我才有了奇怪的幽默感。谢谢您教我不要太把生活当回事儿。现在,您也可以不用再跟我说,我应该去学法律了。我爱你们。

感谢我高于平均分的丈夫丹。感谢你这些年来对我的包容,感谢你让我把我们的心路历程分享给大家。如果没有你难以想象的支持和鼓励(还有作出晚饭吃什么的决定),就没有这本书。谢谢你在别人都不相信我的时候给予我信任。我对你的爱胜过千言万语。

最后,感谢多年来在ForeverTwentySomenings.com网站和各社交媒体上阅读、分享和关注我人生旅程的每一个人。没有你们,我也不会写出这本书。你们是真正的MVP。

我们下次再见……